A. GOYAT

RÉVISION DE LA SCIENCE

TRAITÉ

SUR LE

PHYLLOXERA

SES CAUSES ET SON REMÈDE

EMPÊCHER LA PLUIE ET FAIRE PLEUVOIR A VOLONTÉ

EMPÊCHER DE GRÊLER

La manière d'éviter de geler la Vigne au printemps

LE

RAJEUNISSEMENT DE L'HOMME

LES POMMES DE TERRE

Prix de la Brochure : 1 fr. 25 c.

TROISIÈME ÉDITION

En vente chez tous les principaux libraires.

1891

MACON, IMPRIMERIE ROMAND.

ERRATA

Page 11. — 11e et 15e lignes :

attire les insectes....

Lisez : donne les insectes.

Page 14. — 18e ligne :

qui attire les insectes....

Lisez : qui donne les insectes.

Page 48. — 2e et 3e lignes :

qui les exploitent....

Lisez : qui les emploient.

A. GOYAT

RÉVISION DE LA SCIENCE

TRAITÉ

SUR LE

PHYLLOXERA

SES CAUSES ET SON REMÈDE

EMPÊCHER LA PLUIE ET FAIRE PLEUVOIR A VOLONTÉ

EMPÊCHER DE GRÊLER

La manière d'éviter de geler la Vigne au printemps

LE

RAJEUNISSEMENT DE L'HOMME

LES POMMES DE TERRE

Prix de la Brochure : 1 fr. 25 c.

TROISIÈME ÉDITION

En vente chez tous les principaux libraires

1891

TRAITÉ

SUR

LE PHYLLOXERA

SES CAUSES

ET SON

REMÈDE INFAILLIBLE

Cluny, 21 septembre 1886.

Au moment où j'allais clore mon traité sur le *Phylloxera*, j'ai eu connaissance d'un cas de la plus haute importance, et qui vient à l'appui du système par lequel je supprime *absolument et rigoureusement* toute espèce de drogues acides dans le traitement des vignes.

On lit, en effet, dans le numéro de ce jour de *l'Union républicaine*, à l'article intitulé : « FAITS DIVERS », *Empoisonnement par les raisins :*

On écrit d'Alais :

Depuis le commencement de la saison des raisins, il n'est bruit, dans notre région, que d'empoisonnements occasionnés par ces fruits. Quelques cas auraient même été mortels.

Ainsi, ces jours derniers, c'était une femme qui serait morte dans une commune voisine.

Hier, à Alais, c'était le jeune Gaëtan âgé de douze ans, fils de M. Lautier, mécanicien du P.-L.-M., qui a succombé peu d'heures après avoir mangé des raisins.

Beaucoup de gens n'osent plus y goûter, de peur de s'empoisonner; c'est une vraie panique. On craint que le sulfate de cuivre ou autres oxydes, répandus en très grande quantité sur la vigne, pour la préserver des maladies, surtout du *mildew*, ne soient la cause de ces malheurs.

En tout cas, le public, non sans raison, s'est ému Il serait bon que des enquêtes sérieuses et minutieuses fissent le jour sur cette grave question, qui intéresse au plus haut point, afin d'éviter de plus grands malheurs.

Je parviendrai peut-être à ouvrir les yeux du pauvre spécialiste et à démontrer au savant que toute sa science se réduit à bien peu de chose. On ne manquera certes pas de dire que je me pose en maître. Soit, je m'y attends. Mais, en dépit de toutes les critiques et de toutes les attaques, on sera forcé d'obéir à l'évidence. Ce n'est pas moi, ce sont les systèmes que je propose qui se posent en maîtres et bien en maîtres.

Il faut absolument que les mots *sulfure, carbone, potassium*, etc., disparaissent des traités sur la vigne. N'est-ce pas révoltant de voir des hommes, qui font partie d'une commission, émettre des idées aussi étroites? Ils sont peut-être excusables, en ce qu'ils n'en trouvent pas d'autres. Mais les piètres résultats obtenus ne rendraient-ils pas le nom de SAVANTS des plus méprisables aux yeux de tous nos vignerons?

Je le répète : *Toutes les drogues seront plus qu'inutiles à la vigne, si le temps ne lui est pas propice.*

Prenons, par exemple, l'année 1886, où, au printemps, il a plu pendant deux mois consécutifs, mai et juin. Après ces deux mois de pluie, les feuilles de la vigne sont toutes tombées. La pluie avait affaibli la sève, qui manquait déjà de force. Il en serait de même pour un homme à qui il manquerait beaucoup de sang ; il succomberait à la moindre attaque et avec plusieurs maladies à la fois.

Je voyais dernièrement un homme à la dernière extrémité. Il était couvert de vermine, ou, pour mieux dire, en ce qui concerne notre sujet, *d'insectes*. Or, on a dû attribuer sa mort à ces insectes qui l'auraient tué. Mais ces insectes n'avaient-ils pas été engendrés par la décomposition du reste de son sang ? Sa mort eut donc pour cause le manque de sang ou de sève vitale, et non la vermine.

Le seul remède efficace pour la vigne, c'est le soleil. Il lui faut du soleil, encore du soleil.

Aussi mon système vise-t-il uniquement à obtenir du soleil, sans quoi nulle récolte n'est possible ; et je suis bien étonné que nos soi-disant savants et nos beaux esprits aient eu la vue si courte.

Antoine GOYAT.

Cette Brochure vaut non seulement cent francs, elle en vaut plus de cent mille. J'ose même dire qu'elle est impayable. Elle traite, en effet, de choses d'une valeur immense.

I

25 août 1881.

L'atmosphère jouant un grand rôle ici-bas, au point de vue de l'agriculture, et les périodes exagérées de beau et de mauvais temps ayant toujours eu une influence pernicieuse sur les récoltes, je me suis occupé des moyens propres à remédier à ces perturbations atmosphériques. Je puis affirmer qu'à la suite de mes longues et profondes recherches, le grand problème de la distribution égale ou à volonté de la chaleur et de la pluie sur la terre est résolu. Par mon procédé, j'aurai, en effet, du soleil ou de la pluie à peu près quand je voudrai.

Voici comment :

L'air se trouve entravé, paralysé par les exhalaisons humides provenant de la fraîcheur de la terre, de l'eau et même des gaz de toute espèce.

Comme l'air n'a pas assez de force, ces exhalaisons se forment trop aisément et produisent d'abord de gros nuages, ensuite de la pluie. Pour éviter cela, j'électrise l'air par un bruit fort et sec, qui le stimule et l'anime. Par son agilité, il divise alors et dissout les nuages, qui ne sont autre chose que les exhalaisons citées plus haut.

Il y a, dans l'atmosphère, des régions où l'air abonde ; mais il y en a aussi où, s'il ne manque pas absolument, il est très calme. Pour lui donner l'activité nécessaire, je l'électrise, je le répète, par un bruit très sec et très fort, comme le bruit du canon.

Dès que la pluie menace, il faut faire tirer, avec des canons d'un assez fort calibre, sur toutes les places où il y a de l'artillerie, et là où il n'y en a pas, il faut en faire transporter selon les besoins. Cette opération doit se répéter pendant quinze jours, quatre à cinq heures par jour, et plus, s'il est nécessaire. Il ne faut pas craindre d'employer mille canons et plus ; et, pour ne pas paraître ridicule, on pourra, si l'on veut, opérer sous prétexte de manœuvres. On obtiendrait aussi le même résultat au moyen de cloches que l'on sonnerait à grande volée, dans mille paroisses et plus, s'il le fallait, en prétextant une cérémonie religieuse, pour éviter le ridicule.

Ce dernier procédé, moins coûteux que le premier, serait peut-être aussi moins efficace.

Avez-vous des inondations dangereuses à éviter ? Faites placer des canons dans divers endroits. Si l'orage est trop engagé et trop fort, commencez par tirer quelques coups de canon, et augmentez-en le nombre peu à peu. En peu de temps, l'air aura repris son courant et dissipé les nuages.

Par mon procédé, vous empêchez la grêle aussi bien que la pluie; car la grêle n'est que de l'eau qui se congèle en passant par des régions glacées.

Pendant la belle saison, la pluie est nuisible à la plupart des récoltes. En faisant tonner le canon pendant quinze jours et plus, on évitera la pluie, et on aura forcément de la chaleur.

Quelle que soit la chaleur du soleil, si elle est contrariée par un amas trop considérable de vapeurs, on aura la pluie.

Si, en hiver, le temps est pluvieux, on obtiendra, par le même procédé, le même résultat, c'est-à-dire un temps froid et sec.

On me dira, sans doute : « Dans certains pays, il fait pourtant très chaud, bien que l'on n'y fasse pas de manœuvres. » Cela vient de ce que la chaleur du soleil, très ardente dans ces pays, l'emporte sur l'humidité. Il est à remarquer que plus il fait chaud, plus la chaleur se prolonge, et que plus il pleut, plus aussi la pluie est fréquente, parce qu'il y a alors plus d'exhalaisons humides. Les hommes d'une haute intelligence me comprendront certainement.

J'aurai néanmoins le désagrément d'entendre les personnes moins éclairées et moins capables me dire : « Vous voulez éviter la pluie ! Bah ! c'est impossible; il n'y a rien à faire ! »

Et si le savant me fait, lui aussi, la même réponse que l'ignorant, que devient sa science et en quoi se distingue-t-il de l'ignorant? Dans ce cas, on sera presque tenté de croire qu'il n'y a pas de savant. Être spécialiste, dans sa partie, ne donne pas le droit de se croire savant, vu qu'on est rarement parfait, même dans ce qu'on connaît le mieux.

Ainsi, par le puissant moyen que j'indique, ingénieusement organisé, on obtiendra la dissipation entière et complète des nuages, et non plus une simple conjuration des nuages voisins, comme on l'obtenait autrefois avec une cloche ou deux.

II

Octobre 1881.

Mon système permet d'avoir du beau temps à volonté.

Or, les résultats de cette découverte seront immenses et prodigieux. Elle fournit le remède, autrefois impossible à trouver, qui guérira certaines maladies des plantes, et plus particulièrement de la vigne. Depuis nombre d'années, la pluie est tellement abondante, surtout dans nos contrées, que la vigne y est en partie détruite. Il y a donc grande nécessité de faire quelque chose pour améliorer la température.

Voici les causes auxquelles on doit attribuer la destruction de nos vignes :

La terre a été tellement détrempée qu'elle n'a plus la force d'alimenter la vigne. Cette plante est épuisée par une température qui lui est tout à fait contraire. Dans le Midi, la cause du mal est différente : la vigne est épuisée par le trop de rapport. C'est ainsi qu'on rencontre fréquemment des arbres à fruits qui ont beaucoup rendu pendant plusieurs années, mais qui, aujourd'hui, dépérissent et sont attaqués par les insectes.

Un arbre qui n'a encore rien rapporté dépérira et sera attaqué de la même façon, s'il est planté dans un sol qui ne convient pas à son espèce, soit parce que le terrain y est trop sec ou trop humide, soit parce qu'il y est trop chaud ou trop froid. En pareil cas, arbre et plante ne tardent pas à mourir.

Il en est des plantes comme des hommes. Un homme ne pourrait vivre dans un pays où le climat et les aliments lui seraient entièrement contraires. Il y succomberait vite, attaqué par toutes sortes de maladies.

Je crois donc pouvoir dire, d'après ce qui précède, que la vigne se trouve sous l'influence d'un climat qui ne lui convient pas, étant donnée la trop grande abondance de pluie.

Sur les hauteurs, les racines de la vigne sont à peu de profondeur et l'eau les atteint continuellement. Dans les plaines, les racines s'enfoncent plus bas, il est vrai ; mais l'humidité y est aussi plus grande. Il est facile de comprendre que cette condition est des plus mauvaises.

Voici pourquoi :

La sève, qui n'est autre chose que le sang de la vigne, se décompose et n'a plus la vigueur, l'alcool nécessaire pour alimenter la plante. Elle prend aussitôt une odeur de décomposition qui attire les insectes. Ce ne sont donc point les insectes qui amènent la maladie de la vigne, comme le prétendent un si grand nombre de savants, puisque c'est la maladie elle-même qui attire ces insectes.

On voit les spécialistes courir après les insectes ; ils croient qu'en les détruisant ils détruisent le mal. Il y a là une très grande erreur, et il suffit d'un moyen bien simple pour s'en assurer. Que l'on creuse dans la terre un trou un peu profond et que l'on y mette un morceau de viande fraîche. Dès que cette viande sera en décomposition, les insectes de toute espèce s'y mettront par milliers. Bref, c'est la maladie qui donne l'insecte et non l'insecte qui donne la maladie. La pluie qui nous inonde depuis longtemps cause la maladie de la vigne ; empêcher, ou plutôt détourner la pluie, doit donc être le but à chercher, le but à atteindre.

J'ai indiqué précédemment le moyen d'arrêter,

de détourner la pluie. En deux mots, il suffit d'électriser l'air, par un bruit très fort et très sec, comme celui du canon et, à la rigueur, des cloches. Ainsi ébranlé et électrisé, l'air aura la force de disperser, de dissiper les agglomérations de gaz et de vapeurs qui le paralysent, et le beau temps sera alors rétabli.

On produira ce bruit chaque fois que les nuages feront craindre la pluie. Il sera toujours facile de placer, sur de hautes montagnes, et à vingt ou trente kilomètres de 'distance, quatre pièces de canon au-dessus du calibre moyen. En les faisant tonner quatre heures par jour et pendant deux jours, on chassera complètement les nuages. Mais, je le répète, il faudra recommencer chaque fois que les nuages paraîtront trop amoncelés.

On pourra, je l'ai déjà dit, éviter le ridicule en donnant un motif à ces opérations, tel que le voyage des Membres du Gouvernement dans différentes villes; leur arrivée serait annoncée par des salves d'artillerie.

Ces mêmes opérations, répétées longtemps, d'une façon continue, au moment d'une grande chaleur ou même d'une chaleur ordinaire, amèneraient aussi là la pluie, et cela pour la même raison : l'équilibre de l'air ébranlé se trouverait dérangé.

En hiver et par un grand froid, on amènera, de la même façon, la pluie ou un changement de température. En surchargeant l'air d'électricité, on dérangera son équilibre. Or, on sait que, quand la chaleur est trop forte ou le froid trop vif, on doit s'attendre à un changement de température, parce que la chaleur, aussi bien que le grand froid, électrise l'air.

Il est possible, au moyen de l'électricité, de régler la température à volonté. Je trouve l'électricité nécessaire, en agitant l'air par une commotion forte et vive, comme celle que j'ai citée plus haut.

Ce système paraît absurde et impraticable ; il est, néanmoins, très facile d'opérer ainsi, et les résultats seront d'ailleurs prodigieux. Il suffit d'oser pour mettre mon procédé à exécution, et j'espère que l'on tiendra compte de mes explications, bien qu'elles ne viennent pas d'un savant. Les savants ont souvent le tort d'aller trop loin dans leurs recherches. De là vient leur peu de réussite. Et, d'ailleurs, on le sait, ce sont toujours les moyens les plus simples qui aboutissent aux plus grands résultats.

III

10 mai 1883.

Je ne saurais trop m'appesantir sur les procédés cités précédemment. Leur importance est énorme, je dirai même inappréciable.

J'affirme, et j'y suis bien obligé, qu'on se trompe grandement en attaquant ce qui est visible, je veux dire les insectes, le phylloxera, par exemple. La vérité se trouve souvent là où on ne la cherche pas et même dans des choses qui semblent invisibles.

Que l'on se demande pourquoi ces insectes existent et pullulent dans la vigne. Ils y trouvent évidemment quelque chose qui leur plaît et qui n'y était pas avant leur apparition. Il ne suffit pas de voir ces insectes; il faut rechercher et comprendre les causes qui les ont amenés ou produits.

La cause principale est que le sang de la vigne, je veux dire la sève, étant en décomposition, n'a plus assez de force. La sève, n'étant plus assez abondante, prend une odeur fétide qui attire les insectes; de plus, les racines et les ceps se dessèchent. Il ne suffit pas de tuer les insectes; les premiers morts, d'autres viendront. Il est urgent de guérir la vigne, et, pour cela, arriver à varier à volonté la température.

Une personne qui fumerait et soignerait bien sa vigne, chose difficile quand il s'agit d'une grande étendue, aurait évidemment un peu de récolte. Mais, si le mauvais temps persistait, comme dans ces dernières années, tous ces soins n'aboutiraient à rien. Il n'y aurait plus qu'à employer le système que j'ai proposé.

Certaines personnes prétendent que la chaleur

propage le phylloxera. Cependant, si la chaleur, cette année, avait commencé un mois plus tôt, nous aurions eu une bonne récolte de vin. La chaleur ne tue que *les plantes déjà mortes ou à demi-mortes,* et c'est être vraiment naïf que lui attribuer leurs maladies.

L'excès en tout étant nuisible, une sécheresse extraordinaire et de longue durée ferait sans doute un peu de mal; mais, même dans ce cas, la vigne serait la dernière atteinte.

Il y a eu, en 1870, une sécheresse de six mois, sans pluie, et cependant la récolte a été bonne et le vin d'une qualité extraordinaire.

Si la température convenait toujours bien à la vigne, et si l'on chargeait la taille, elle rendrait tellement qu'elle finirait par s'épuiser. Le résultat serait le même que si la vigne eût souffert des intempéries pendant plusieurs années; il y aurait manque de sang ou de sève, et ce peu de sève même tendrait à se décomposer.

Je soutiendrai toujours que l'on peut combattre les intempéries et gouverner la température à l'aide du canon ou des cloches, mais du canon surtout, quand le temps est trop dérangé, trop longtemps sec ou trop longtemps pluvieux.

L'espace nous appartient un peu; à nous de nous en rendre maîtres et de l'approprier à nos besoins.

Toutes les fois qu'une trop grande abondance de vapeurs ou de matières gazeuses empêchera le soleil de nous dispenser ses bienfaits et ses rayons d'arriver jusqu'à nous, un grand nombre de plantes souffriront dans la nature ; et, parmi elles, la vigne, qui a besoin de beaucoup de chaleur.

D'après mon principe et mon procédé, la chaleur et la pluie sont réglées de telle sorte que nulle plante n'a à en souffrir. Peu m'importe que l'on trouve ces idées trop hardies. J'ajouterai que l'on peut de même éviter la grêle en s'y prenant à temps. Et, je le répète, pour cela, il suffit d'oser.

Il viendra certainement un temps, qui n'est peut-être pas éloigné, où l'on osera et où mes observations passeront dans le domaine des savants.

IV

15 septembre 1884.

Voici quelques mots sur le produit des vignes dans notre région.

Dans notre pays, — le Clunysois, — de petites contrées, abritées par des montagnes, ont donné, cette année, une récolte de vin passable, comme qualité et comme quantité, tandis que tous les endroits découverts n'ont rien produit, ou à peu près rien.

Les jeunes vignes paraissent plus atteintes que les vieilles.

Cela provient de ce qu'au printemps la chaleur met plus vite en mouvement la sève des jeunes plants. Puis, quand la pluie arrive et dure tout l'été, elle endommage fortement la sève, même jusque dans les racines les plus profondes. La vieille vigne, au contraire, est un peu garantie parce qu'elle est en retard d'une quinzaine de jours.

Aujourd'hui, le vigneron, découragé par le manque successif des récoltes, n'a plus aucune confiance dans les spécialistes qui, dit-il, ne font que répéter les mêmes choses sans résultat aucun.

Depuis quelques années, il ne se fait plus ni hiver ni été, ce qui est surprenant. Pas d'hiver, à moins de rares exceptions. C'est que l'air, trop surchargé de matières gazeuses, n'a plus assez de force pour faire le vide. L'espace se trouvant régulièrement trop plein, nous n'avons ni hiver ni été.

Si l'on pouvait supprimer les trois quarts des engins à vapeur et tout ce qui exhale beaucoup de gaz sur terre, comme sur mer, l'air redeviendrait libre, nous aurions un beau temps régulier, et le phylloxera disparaîtrait, car, pour l'anéantir, il nous faut du soleil et non de la pluie. Mais il n'est guère facile de supprimer toutes ces machines, puisque l'on tend, au contraire, à en augmenter le nombre.

V

On s'est passé de mon système, ou plutôt, par suite de la grande chaleur, il a été appliqué mieux que les hommes ne l'auraient fait. Aussi, malgré ce qui restait encore à désirer, les vignes avaient-elles une assez belle apparence.

Dans les endroits abrités et peu froids, il y a eu beaucoup de raisins et la gelée n'a pas fait beaucoup de mal. Avec un mois de juin moins pluvieux et moins froid, nous aurions eu une grande quantité de vin, et il eût été bon, sans la faiblesse de la sève, qui s'est mal défendue. La sève était dans un état tel que, si nous avions eu de la pluie au lieu d'un été chaud, les raisins auraient pourri plutôt que mûri. Ils ont mûri cependant, mais avec peine, parce que la sève ne peut se rétablir d'un jour à l'autre. Dès qu'elle aura assez de force, ce qui ne peut se produire qu'avec de la chaleur et un temps sec, toutes les maladies de la vigne disparaîtront.

Je me base sur les dix années qui viennent de s'écouler, années pendant lesquelles nous avons eu une température toujours pluvieuse et froide, accompagnée de fortes gelées au printemps.

Les plants de l'Amérique ne sont probablement vantés que parce que l'on suppose que le climat de ce pays est le même que le nôtre ; autrement, l'on ferait fausse route. Mais si, comme je le pense, le climat diffère du nôtre, c'est peine inutile de faire de plus amples recherches, dans le genre de celles qui se font, car on ne trouvera rien, absolument rien, pour combattre le phylloxera.

En ce qui concerne la vigne, mon système a plus d'importance que tout ce que l'on peut dire et faire. Son importance est immense, car, qu'obtiendra-t-on de la vigne si, pendant tout le printemps et une partie de l'été, elle est maltraitée par des temps froids ou pluvieux. Il faut absolument procéder comme je l'indique : faire tonner le canon, des canons et non des fusils, le bruit de ces derniers serait tout à fait inutile.

J'en reviens toujours à mon système. J'électrise l'air par une commotion forte et sèche; je fais ainsi le vide dans l'espace, et j'obtiens du froid en hiver, de la chaleur en été. Si, ce qui n'est pas possible, le bruit du canon ne donnait pas un résultat suffisant, on surchargerait l'air d'électricité, soit pour un temps pluvieux, ou pour une grande chaleur. Ajoutons même que le tir à boulets peut être employé, en tirant d'une montagne à l'autre avec une grande quantité de canons et en faisant le plus grand vacarme possible. L'équilibre de l'air se trouvant ainsi rompu, la pluie ou la chaleur arriveront infailliblement aussitôt après les opérations.

Avant de rejeter mon système et de le criti

quer de mauvaise foi, il sera bon de se rendre compte des résultats qu'ont obtenu les spécialistes depuis si longtemps qu'ils cherchent. Il sera peut-être dit qu'en certains endroits tel ou tel reméde a réussi. A cela, je réponds : non. Je soutiens que, sans avoir pris aucune mesure contre le phylloxera, on aurait obtenu les mêmes résultats. Dans une grande guerre, ne sauve-t-on pas toujours quelques soldats? Et, dans une même région, une partie du terrain peut se trouver plus ou moins endommagée.

L'abondance de gaz et d'exhalaisons peut contribuer au dérangement du temps. Cette année, par exemple, excepté pendant le printemps, c'est surtout le soleil qui a dominé. Cette grande chaleur a électrisé l'air ; toute agglomération de matières gazeuses a été dissipée, et c'est ce qui nous a donné un été chaud. Il nous est bien démontré par là que la chaleur est indispensable à la vigne. On voit, en effet, repousser celle qui n'a pas encore entièrement dépéri.

Ce même effet sera toujours obtenu par mon système. On me trouvera certainement hardi dans mes observations et dans ce que j'avance; mais il est toujours permis de soutenir et de défendre ses idées, surtout quand il s'agit de l'intérêt général.

La décomposition produit souvent des insectes de différentes espèces, selon les matières.

S'il survenait, en Amérique, un changement de température comme celui que nous subissons depuis dix ans, le même effet s'y produirait.

Comment veut-on, par des drogues, remédier à la maladie de la vigne, quand c'est la température qui lui est contraire ? Cela est impossible, je le répète, et il faut s'occuper non pas des insectes, mais du temps.

L'unique remède que je propose, c'est de fumer et de travailler convenablement la vigne. Le fumier a une certaine force qui n'est pas trop acide, lorsque l'on ne met que ce qui est nécessaire. De plus, il réchauffe la terre et, par ses éléments gras, il fortifie la sève. C'est ainsi que, dans un terrain naturellement humide et froid, un saupoudrage de chaux est nécessaire, avant le piochage toutefois, car, sans cela, toute drogue serait inutile.

Mon système, je le soutiens, est infaillible. Si ce temps sec se maintenait, nous aurions des années excellentes pour la récolte de la vigne.

Bien travailler le terrain, pour obtenir de bonnes récoltes, serait certes chose facile ; aussi est-ce loin d'être suffisant, car il faut, avant tout, compter avec le temps.

Lorsque la terre est sèche, l'air est également plus sec, et les matières gazeuses contiennent peu d'eau. Mais cela n'empêche pas de masquer le soleil et d'atténuer sa force, ce qui, dans certains lieux, est utile, et nuisible dans d'autres.

Dans ce cas, mon procédé sera encore appliqué. On aura ainsi le temps que l'on voudra, et on évitera même la grêle, en s'y prenant à temps.

Ces observations feront certainement sensation dans un moment où la situation de l'agriculture est si critique.

Moyens à employer pour préserver la Vigne de la gelée au printemps.

Voici, d'après moi, un moyen infailllible d'empêcher la vigne de geler au printemps.

Tous les printemps, on l'a remarqué sans doute, sont froids et pluvieux, et il y a de la neige sur les montagnes en plus ou moins grande quantité. Cette neige donne un air glacé qui s'abat dans les plaines, où le sol est déjà mouillé, et tout ce qui craint la gelée se trouve en danger.

J'applique mon système, même dans ce cas. Je place des canons sur les hautes et même sur les petites montagnes, sans m'occuper si, sur ces hauteurs, il y a de la vigne, car je vise à dégager et à déblayer l'espace, selon les besoins. J'empêche ainsi la pluie, la neige, par conséquent ; Je maintiens le sol à peu près sec. Or, il est bien facile de comprendre que, la terre étant sèche, la gelée n'aura pas de prise ou n'en aura que beaucoup moins. Une fois le danger passé, je laisse faire. Nous devons nous défendre contre les accidents de température qui se produisent à droite et à gauche, selon le hasard, accidents qui, d'ailleurs, se répètent souvent du même côté.

Nous avons souvent, dans nos pays, des étés pluvieux et froids occasionnés par des courants d'air qui proviennent des contrées glacées. S'il y avait beaucoup de vide dans l'espace, le soleil corrigerait cela, car il est déjà chaud au mois de mai et même au mois d'avril.

En hiver, la température est parfois douce. Si l'on tenait à avoir du froid, on l'obtiendrait en débarrassant l'air des vapeurs au moyen des canons; il y a alors dans l'espace un trop plein de matières gazeuses faciles à dissiper. Et, ainsi, les courants d'air venant des pays chauds seraient corrigés par le froid, vu la distance du soleil.

Il est assez curieux de voir régner à la fois plusieurs courants d'air allant en sens opposé et superposés alternativement l'un au-dessous de l'autre. Les mers n'y sont certainement pas pour rien; mais les grandes rivières doivent être sans influence sur tous ces mouvements d'air.

Ce n'est pas, d'ailleurs, ce qui me préoccupe, car je ne cesserai de répéter que l'homme peut régler la température de chaque saison à peu près comme il le voudra, c'est-à-dire avoir du froid en hiver et de la chaleur en été. C'est une chose à laquelle l'homme n'avait pas encore songé et à laquelle il ne croit pas encore. Toutefois, ce droit ne doit lui être accordé que par une réunion d'hommes compétents, afin que les peuples n'en abusent pas.

Seulement, il est des choses auxquelles il est urgent de porter remède. Je veux surtout parler de la vigne, qui ne rend rien depuis quelques années.

Si les drogues produisent un effet quelconque, cet effet est loin d'être celui que messieurs les spécialistes en attendent.

Une drogue, quelle qu'elle soit, peut communiquer un mordant, un acide à la sève de la vigne, et, par cet acide, arrêter pour un instant la décomposition de la sève. Cette drogue jouera bien un peu le rôle de fumier; mais il est à craindre qu'elle n'altère la qualité du vin. La vigne ne saurait se nourrir d'ingrédients, comme on a la fureur de le croire; elle a plutôt besoin d'une température convenable, d'un temps sec et chaud. Des preuves viennent à l'appui de ce que j'avance, et il est impossible de soutenir le contraire.

Voyez les vignes traitées; elles sont beaucoup plus malades que les autres. Mais ce n'est pas ce qui arrête la vue des spécialistes. Ils n'ont qu'un but : atteindre les insectes.

Ils ne se demandent pas pourquoi les insectes sont là. Qu'est-ce qui les produit? Pourquoi existent-ils?... Autant de questions qu'ils ne cherchent pas à résoudre. Aussi, tous leurs tâtonnements ne sont-ils que pur enfantillage. Je le dis et je le répète : si la température n'est pas propice, tout devient inutile. Il n'y a pas danger à combattre la naïveté avec laquelle on croit qu'il faut prendre le temps comme il vient.

Ce serait celle d'un matelot qui suivrait son navire, au lieu de chercher à le diriger lui-même.

Il est certainement impossible de satisfaire à tous les besoins de l'agriculture à la fois, car ses produits exigent des températures différentes; mais on va à ce qu'il y a de plus pressé et de plus urgent, et, pour le moment, c'est la vigne qui réclame nos soins.

Les vignes soignées par les vignerons se sont maintenues et sont aujourd'hui en rapport; celles qui ont été négligées sont toujours un peu malades, parce qu'il leur manque de la sève. Ces dernières se fussent maintenues comme les autres, si on en avait pris soin; le mauvais temps aurait eu moins de prise sur elles.

Il est inutile de compter sur le rapport des vignes, tant que la température sera pluvieuse et froide.

Mais si, à l'aide de mon procédé, on remédie au mauvais temps, ce sera différent. Nous ne nous laisserons plus battre, comme nous l'avons fait jusque-là, par des intempéries, au caprice desquelles les cultures et les récoltes étaient totalement abandonnées, comme un navire au gré des flots.

Il y a environ soixante ans, pour aller sur mer dans une direction quelconque, il fallait attendre des vents propices. Souvent même les vents vous jetaient sur les écueils, où le navire se brisait. Les matelots se lamentaient et disaient : « Contre les vents, il n'y a rien à faire. »

Et la preuve qu'il y avait quelque chose à faire, c'est qu'aujourd'hui on part quand on veut, on va où l'on veut, sans aucune entrave.

Il en sera de même de la culture dans une centaine d'années et peut-être plus tôt.

Cette année, à Montillet, près Cluny, dans les vignes de la propriété Aucaigne Sainte-Croix, j'ai remarqué des ceps qui paraissaient morts depuis plus de deux mois. Au printemps, à force de chaleur, ces ceps ont repoussé et ont donné de grandes tiges. Les vignerons, si on les interroge, pourront attester le fait.

Pour le savant, qui veut que la vigne soit sans cesse inondée, pour la guérir du phylloxera, il y a là une fameuse contradiction. Les spécialistes doivent savoir, du reste, que, depuis dix ans, la vigne est continuellement inondée. Le seul résultat obtenu est que, si ce temps avait duré deux ans de plus, pas un seul cep n'en réchappait.

Les vignes sont belles, cette année-ci, partout où le temps a été favorable, sauf dans les contrées trop atteintes par de trop longues intempéries ou épuisées par le trop de rapport.

Là où la vigne est bien fatiguée, la sève n'est pas encore assez forte. Dès qu'il pleut, la vigne jaunit, et, bien qu'il fasse beau dans la suite, elle met très longtemps avant de redevenir très verte.

S'il faisait une chaleur extraordinaire, il est certain que la vigne s'en ressentirait un peu, et encore n'en souffrirait-elle pas dans nos pays où les chaleurs très fortes sont rares.

Dans les pays un peu plus chauds que le nôtre, le Beaujolais, par exemple, les vignes sont souvent trop avancées pour supporter les pluies qui arrivent au printemps ; aussi ne sont-elles guère en bon état.

Ma thèse consiste à soutenir que la décomposition de la sève, provoquée par le mauvais temps, donne naissance au phylloxera. C'est ainsi que toute matière décomposée donne, selon son genre, naissance à une matière nouvelle, soit des insectes, soit autre chose.

Cette année, en 1885, nous avons eu un printemps abominable pour la vigne. Encore huit jours de pluie, et il n'y aurait certainement pas eu de vin dans les pays un peu chauds. Il n'y a presque rien, tant le printemps a été pluvieux. Dans les pays chauds, où la vigne s'est trouvée plus avancée quand les pluies sont venues, elles l'ont abimée, car elles ont eu trop de prise sur elle.

Si, prévoyant une pluie abondante, on tirait le canon sans aboutir à rien, pour mieux électriser l'air et ramener le beau temps, j'ajouterais les boulets. Il en serait de même dans le cas d'une trop grande chaleur. En tirant d'une montagne à l'autre avec une certaine quantité de canons et en faisant un grand vacarme, on surcharge l'air d'électricité, on dérange son équilibre et on amène la pluie.

J'ai bien le droit de m'expliquer librement, car je suis seul sur ce terrain. A supposer que l'on mette la moitié des sciences dans les cartons et qu'on les supprime, on n'y perdrait rien. A quoi bon mesurer la distance du soleil à la terre, sa grosseur, s'occuper de la lune, des étoiles, etc. ?

Et si je demande à la science de me rapprocher la lune, le soleil, les étoiles, d'augmenter ou de diminuer leur volume, les savants me répondront aussitôt : C'est impossible. A quoi servent alors toutes ces mathématiques, puisque on n'en retire aucune utilité ?

Je ne dirai certainement pas que c'est là de la stupidité, puisque l'esprit veut pour chaque chose une solution bonne ou mauvaise ; mais cette solution est trop souvent mauvaise ou insignifiante.

Je ferai remarquer qu'il faut plusieurs années d'un temps très pluvieux avant que la vigne succombe. Or, pendant dix ans, la pluie n'a pas discontinué, été comme hiver ; c'est à peine si, de temps à autre, elle a été interrompue par quatre jours de beau temps.

Je dirai aussi que la vigne, lorsqu'on exige d'elle un rendement trop considérable, succombe encore plus vite que par le mauvais temps, c'est-à-dire par un temps qui lui est contraire. Elle résistera quelquefois pendant trois, quatre ou dix ans ; mais elle périra d'autant plus vite que le temps sera plus pluvieux et plus froid et que les fortes gelées de printemps seront plus fréquentes.

Eh bien ! j'indique dans mon livre la manière d'éviter les gelées au printemps.

VI

7 Mars 1886.

L'eau subit diverses transformations : très refroidie, elle devient dure comme la pierre, et c'est alors qu'elle prend le nom de glace.

Au printemps, pour empêcher la vigne de geler, il faut absolument pratiquer mon système, c'est-à-dire placer sur chaque montagne trois canons au moins et les faire tonner. La pluie

et, par suite, la gelée, seront ainsi empêchées.
On arrêtera aussi la neige, ce qui n'est pas
moins important, car la neige sur les montagnes amène infailliblement la gelée des vignes.
En s'y prenant à temps, c'est-à-dire en empê-
chant la neige de tomber, on sauve la vigne des
gelées, et ce n'est pas là une petite affaire. Du
reste, je l'ai déjà expliqué.

Je ne puis assez répéter que si nous avions un
temps sec et chaud, c'est-à-dire pas trop pluvieux, la vigne serait complètement sauvée. Or,
rien n'est plus facile, grâce à mon système, que
d'obtenir la température nécessaire. Il suffit
d'oser le mettre en pratique.

Sont-ce les insectes qui font jaunir les vignes
ou, du moins, pendant les mois de juin, de
juillet ou d'août, donnent aux feuilles un jaune-
blanc caractéristique? Non, cela n'arrive qu'après
des mois de pluie ou de fraîcheur.

C'est là la preuve de ce que j'avance, car, lorsque nous avons un été chaud, les vignes sont
d'un vert noir, ce qui est de bon augure et annonce que la sève ou le sang de la vigne reprend la force nécessaire à la vie.

Remarque sur l'année 1886.

L'hiver a été sec, il y a eu de la neige, mais
elle a disparu sans donner d'eau, de sorte que
le commencement du printemps a été chaud,

Aussi les vignes des environs de Cluny avaient-
elles bonne apparence avec leurs raisins gros
et verts; tout annonçait la force de la sève. Malheureusement, il est survenu des pluies pendant
un mois et demi, et, bien entendu, ces pluies
ont amené des fraîcheurs. Mais, même si ces
fraîcheurs n'avaient pas eu lieu, la pluie eût été
suffisante pour ôter sa force à la sève de la vigne.
Aussi les raisins ont-ils dépéri; ils n'ont que
deux ou trois grumes grosses comme des grains
de plomb, et cela surtout dans les terrains humides, où l'eau n'a pu être absorbée.

Or, dans les contrées vinicoles où il est moins
tombé d'eau, la sève est moins atteinte; elle
aura pu résister et résistera peut-être encore une
seconde fois. Mais si la vigne avait à supporter
plusieurs années de pluie, elle succomberait infailliblement et avant peu. C'est pourquoi j'invite
les martyrs de la science et autres à jeter un
coup d'œil sérieux sur l'exposé de mon système.
A défaut d'un jugement sain et loyal de leur
part, je communiquerai ma méthode aux pays
étrangers.

VII

Il y a plus de dix ans que nos vignes ne rapportent rien. La faute n'en est pas au Gouvernement; le fanatisme n'a plus assez de prise pour
faire croire à une pareille sottise. Mais si les

hauts fonctionnaires de l'Etat voyageaient en
grande pompe et en faisant fortement tonner le
canon sur leur passage, ils provoqueraient un
ébranlement de l'air, qui, sans qu'ils s'en dou-
tent, produiraient de très bons effets. Au lieu de
cela, ils voyagent sans aucun bruit, craignent
de réveiller les voisins, si bien que l'air reste
trop calme. A tout il faut de la stimulation.
L'homme trop tranquille en arrive à mal se
porter. On me dira que l'air n'est pas un homme.
Sans doute, mais les corps ne diffèrent que par
leur matière et leur organisation.

14 Mars 1886.

Oui, l'on peut déranger l'équilibre de l'air.
S'il n'est pas en équilibre, on peut, à volonté,
obtenir du beau temps ou de la pluie, en électrisant l'air ou en le fouettant par une commotion forte et sèche, telle que le bruit du canon,
ainsi que je l'ai déjà dit nombre de fois. C'est
ainsi que je prétends conduire la température
et, par là, détruire le phylloxera. Par le même
procédé, j'empêche les gelées du printemps, en
avril et en mai, J'empêche aussi la grêle par le
même système.

Je déblaie l'espace; je fais le vide. Et si le
trop de vide me contrarie, j'emploie le même
moyen pour y obvier, parce que l'excès surcharge
l'air d'électricité. J'obtiendrai de la pluie en

plaçant trois à quatre pièces de canon à quinze ou vingt et même vingt-cinq kilomètres de distance, et en faisant tirer à blanc.

Si la température est contraire à la vigne, que le temps soit trop pluvieux ou trop froid, on aura beau l'arracher et la replanter, elle ne résistera pas. Il lui faut avant tout un temps propice. Eh bien! j'ai trouvé le remède. Les pharmaciens-droguistes le trouveront drôle, sans doute; aucun d'eux ne s'en doutait. Du reste, le bruit du canon ferait assez mauvais effet dans la boutique d'un pharmacien.

APERÇU DES NUAGES

Pour dissoudre et diviser un temps dangereux, il faut serrer davantage les pièces, les mettre de cinq à six kilomètres de distance, même par groupe de trois.

Les traits noirs sur chaque ligne donnent à peu près une idée de la position des canons.

❙❙❙   ❙❙❙   ❙❙❙   ❙❙❙

Pour dissoudre et diviser de très forts nuages ou un ouragan menaçant seulement une contrée, il faut grouper les pièces par quatre et rapprocher les groupes à quatre kilomètres.

Temps pluvieux général. Les canons par deux.

POUR L'ENGIN AÉRIEN

Par la pression de l'air, le ressort et les soufflets doivent être à la place de la chaudière qui doit être supprimée ; le reste du mécanisme le même que pour la vapeur. Le mécanicien disposera d'un ressort propice. Si ce genre ne suffit pas, on imitera les ailes d'oiseau.

DES VOLCANS

I

15 septembre 1886.

On peut de même apaiser un volcan dont les éruptions sont trop fortes et qui rend les contrées voisines inhabitables. Il suffit de détourner l'eau, à une certaine profondeur, sous terre peut-être, car ces explosions ne sont dues qu'à une grande quantité d'eau qui prend contact avec des matières enflammées. Il en résulte des dégâts terribles, selon le volume de l'eau et l'importance du volcan.

Sans l'eau, les éruptions du volcan ne seraient que des éruptions ordinaires. Parmi les spécialistes, quelques-uns, sans doute, seront de mon avis ; mais, dans les commissions, la majorité, en général, me sera contraire. Aussi bien, pour admettre ces observations, il ne suffit pas d'être spécialiste ou savant ; il faut plus, il faut comprendre. Et peut-être, l'ignorance a-t-elle encore le dessus dans les commissions comme ailleurs.

Mon système étant au-dessus des intelligences ordinaires ne sera pas admis de suite ; il est trop important pour être jugé par des hommes peut-être trop jeunes. Si, il y a deux cents ans, on eût parlé de ballon, de canon, d'électricité ou de vapeur, personne n'aurait voulu y croire et tous se seraient grandement moqués de ce qu'ils auraient appelé des utopies.

Quand le monde aura encore vieilli de quelques siècles, on aura fait bien d'autres découvertes, et que sont des siècles dans la succession infinie des temps ? — Je soutiendrai envers et contre tous que les maladies de la vigne sont dues au manque de sève occasionné par üne température contraire, ou à l'épuisement, et que quelques étés chauds peuvent remédier à tout cela.

Autre procédé concernant les ballons aériens.

I

Je ne sais si l'on pourrait remplacer la vapeur par d'énormes ressorts et différents engrenages pour obtenir la vitesse voulue. Il faudrait construire un mécanisme comme celui de l'horloge ou de la montre. Ces ressorts, très forts, permettraient peut-être d'aspirer l'air avec force, et de se servir de cet air aspiré en guise de vapeur. On obtiendrait ainsi la pression nécessaire pour produire une grande force, de telle sorte que la vapeur se trouverait remplacée. Si ces ressorts suffisaient, on supprimerait du coup la chaleur et l'eau. Il ne faut cependant pas croire qu'il n'y a au monde, comme force motrice, que la vapeur, et la préconiser sans cesse.

Pour les aérostats et pour tous les engins aériens, de forts ressorts pourraient remplacer la vapeur ou le gaz hydrogène. Au moyen de ces ressorts, on ferait une économie considérable, en ne se servant que de l'air fortement aspiré ou comprimé.

Ainsi, je pense qu'il est possible de construire, pour supprimer le gaz ou la vapeur, une sorte de bateau plat, muni de quatre roues placées au-dessus et à une grande hauteur. Ce ne serait plus un bateau puisque ses roues frapperaient l'air avec force et même sur une grande masse, afin de pouvoir emporter plusieurs centaines de kilogrammes. J'ajouterai, sur les côtés de cet appareil, de grandes toiles très solides que l'on dirigerait à volonté. Elles serviraient à maintenir l'équilibre et permettraient d'aller où l'on voudrait, elles aideraient au transport.

Donc, d'énormes engrenages, servant à obtenir la force nécessaire, pourraient remplacer la vapeur, tout comme le mouvement de la montre est dû à son mécanisme. Et, à supposer que cela soit possible, on éviterait l'emploi nuisible du charbon.

Si le charbon n'était pas nuisible, mon invention serait inutile. J'ai dit plus haut, en effet, qu'une trop grande quantité de gaz ou de vapeur contrarie l'air, en le forçant à s'abattre et à rester calme.

Par une température faible, toutes ces matières gazeuses ou toutes ces vapeurs s'élèvent dans l'air ; une température plus élevée les force aussitôt à s'abattre. Aussi, trouve-t-on des endroits où la mise en pratique de mon système est indispensable.

L'air peut s'agglomérer, se condenser sur les

mers ou sur des terres de plus ou moins d'étendue, et cela en raison de sa quantité et de son
poids ; il peut, à certains moments, renverser
tout sur son passage. Sur mer, lorsque de pareils
dangers sont imminents, ou même en action, si
l'on a à sa disposition des batteries de canons
un peu fortes, on n'a qu'à les faire tonner, d'intervalle en intervalle, aussi fortement que possible. Le bruit d'un aussi grand nombre de
canons électrisera l'air et fera le vide. L'air sera
aussitôt divisé et régularisé dans l'espace, et la
tempête éloignée.

Le même système pourra être employé sur
terre aussi bien que sur mer. On nous signale
parfois de grands orages ; nous les annoncer est
certainement quelque chose ; mais chercher à
les arrêter dans leur marche, à les dissiper, ça
éviterait souvent des accidents.

II

En ce qui concerne le moyen de locomotion
aérien dont j'ai déjà dit deux mots, on pourrait
prendre pour base un petit navire, de là passer
à un grand, puis à un plus grand, ou encore,
partant comme modèle, du corps d'un petit
oiseau, passer successivement à des corps d'oiseaux de plus en plus gros, et multiplier leur
grosseur, jusqu'à ce que, dans le bâtiment, l'on
puisse se construire des appartements. On me

dira qu'un oiseau a des plumes et des ailes. Je répondrai à cela qu'un navire n'est pas tout à fait un poisson, qu'il n'est pas même une poule d'eau et qu'il nage cependant, bien qu'il n'ait pas de nageoires.

J'ai parlé d'une roue mue par la vapeur ; j'ai dit que cette roue doit avoir un grand développement, cinquante ou cent mètres de tour, afin de battre une plus grande quantité d'air.

Cette roue devra être très bien montée et d'un organisme solide pour permettre de manœuvrer l'équipage aérien comme on manœuvre un navire. On pourrait peut-être ajouter un ballon à l'ensemble ; mais il le faudrait vingt fois plus gros que tous ceux faits jusqu'à ce jour. Ce ballon perfectionné donnerait accès dans un cabinet destiné à l'alimenter de gaz ou à l'en priver à volonté. En opposant à l'air un léger mouvement de la grande roue, on pourrait faire stationner l'appareil.

L'on n'a qu'à prendre pour base les roues d'un bateau à vapeur, essayer d'abord avec un petit appareil, et ainsi de suite, jusqu'à ce que l'on arrive à un très grand.

Ce ballon serait en cuir très solide, car ni les murs, ni les buissons ne devraient l'arrêter. Il serait d'une grosseur prodigieuse et permettrait de descendre où l'on voudrait. Peu importe que l'on mette dix ans à construire le premier.

Je ne crois pas qu'il y ait de poisson aussi

lourd qu'un bâtiment de guerre, chargé seulement de cent pièces de canons, et pourtant ce bâtiment navigue très bien sur l'eau. A supposer même qu'il n'y ait pas d'oiseau aussi lourd que l'appareil aérien dont je parle, cet appareil, s'il est bien construit, n'en voyagera pas moins dans les airs sans accident. Le ballon sera inutile surtout en cas de vent contraire; il pourrait servir en cas d'accidents; mais on trouvera probablement le moyen de les éviter, les oiseaux, du reste, ne se servent pas de ballons. De plus, la chauve-souris, qui n'a pas de plumes, vole très bien.

L'oiseau est un engin comme un autre. Atteint dans son vol par un coup de fusil et ne se servant plus de ses ailes, il tomberait à peu près comme une pierre.

L'air pressé et frappé rapidement, même sans excès, n'a pas facilement le temps de s'échapper. On arrivera ainsi au même résultat qu'avec la vapeur, et c'est ce qui donnera un point d'appui. Et, selon la quantité d'air atteint, on obtiendra la force que l'on voudra.

La vapeur ou l'air, c'est la même chose. Avec de l'air on obtient de l'eau, et avec l'eau on obtient de l'air. L'air est l'esprit de l'eau. Il faut remarquer tout d'abord que l'air et l'eau ont la même odeur.

Au lieu de vapeur, il faut, pour l'appareil aérien, employer d'énormes ressorts pour obtenir une grande quantité d'air aspiré qui tiendra lieu de vapeur, en produisant une forte pression.

Il ne faut donc pas croire qu'il n'y a pas de force motrice possible en dehors de la vapeur.

III

Pour que l'équipage aérien puisse s'élever, les deux grandes roues ne doivent pas avoir la même position. Il est indispensable de les disposer différemment l'une de l'autre; autrement l'ascension serait impossible. Je donne l'idée, au mécanicien de faire le reste. Ce sera d'ailleurs peu de chose; toute la question est de trouver le mécanisme. Peu importe que la réussite ait lieu ou non. Je dis seulement que l'air et la vapeur donneront les mêmes résultats, celui-là peut remplacer celle-ci. Je laisse au mécanicien le soin de voir ce qui est préférable.

Les deux grandes roues dont j'ai parlé pourront être adaptées à de hautes colonnes, de façon à tourner à droite ou à gauche, au gré du navigateur aérien, résultat qu'il est facile d'obtenir, il me semble, au moyen d'un mécanisme très solide. Et si les roues de l'hélice d'un bateau sont entièrement dans l'eau, celles de mon appareil seront toutes dans l'air. L'oiseau est de même dans l'air et non au-dessus.

Si on voulait donner au tout la forme d'un bateau, les deux grandes roues seraient destinées spécialement au transport de l'équipage et une autre remplirait les fonctions de gouvernail. Là encore, on prendrait les oiseaux pour modèles.

A la place des roues, supposons des ailes. Pour s'élever, l'oiseau relève ses ailes; la tête ne suffirait pas, elle sert à diriger le vol.

Certaines personnes prétendent que l'homme n'est pas fait pour l'air. Je leur répondrai qu'il ne l'est pas davantage pour l'eau, bien que certains individus se maintiennent très bien à sa surface, tandis que d'autres ne le peuvent pas. Tout dépend du savoir de chacun : l'un sait nager, l'autre non. Il en est de même dans bien des cas; ce qui est très facile à l'un est impossible à l'autre.

S'il n'y avait pas d'air dans un bâtiment qui porte cinquante pièces de canons, il coulerait vite à fond.

Je le répète, toutes les voitures, petites ou grandes, peuvent être mues par la vapeur ou par la pression de l'air. Le conducteur, au lieu de guides, tiendra un mécanisme facile à gouverner.

La plupart de mes explications n'ont pas toute la clarté voulue, mais mes lecteurs sauront me comprendre.

14 mars 1886.

Si l'on veut une preuve de la justesse du système, grâce auquel j'espère supprimer la vapeur et la remplacer par l'air aspiré, l'on n'a qu'à prendre un soufflet un peu fort ou même deux. En soufflant plus ou moins vivement, on verra avec quelle force l'air est aspiré dans le tube aboutissant au piston. Cette opération peut se faire au moyen d'un ou de plusieurs ressorts semblables à ceux de l'horloge et de la montre. Le soufflet, tout simple qu'il paraît, est déjà une invention habile; il n'était pas facile de trouver le moyen d'aspirer l'air pour le refouler ensuite. Le système que j'indique permet aussi d'aspirer et de comprimer l'air, il fournira avant peu, je l'espère, le moyen de voyager dans les airs comme on voyage sur les mers.

———

La science dit qu'il n'y a pas ou presque pas d'air dans la vapeur. Je crois, au contraire, que la vapeur n'est toute que de l'air provenant de l'évaporisation ou de la transformation de l'eau. Quelque peu d'air qu'il y ait dans la vapeur, il y en a assez pour donner une force terrible.

Vapeur ou air, cela revient au même. On fait manger du combustible aux machines; celui que l'homme absorbe est différent. Or, je défie que ces machines fonctionnent si l'air manque. Faute d'air, le combustible ne brûlerait pas; il se consumerait sans chauffer. L'homme est une machine comme une autre, mais une machine très bien montée, et dont les organes sont néanmoins aussi fragiles que ceux des autres. Son mécanisme fonctionne aussi bien en aspirant de l'air froid qu'en aspirant de l'air chaud; tout dépend donc de la compression. En somme, pas d'air, pas de force.

Pour peu qu'on lise mes écrits attentivement, on y trouvera d'avance les réponses à toutes les objections que l'on serait tenté de me faire; elles ont été prévues.

J'admets bien que l'on attendra encore vingt ans, trente ans avant de remplacer la vapeur par l'air; mais on y viendra forcément, aussi bien qu'à l'emploi de mon système contre le phylloxera. On y sera forcé, qu'on n'en doute pas. Ce dernier est d'ailleurs d'une importance immense, et on ne sera jamais assez sot pour en douter.

Il faudrait alors que mes écrits ne soient lus de personne.

Pourquoi l'eau ne deviendrait-elle pas de l'air lorsqu'on la chauffe? Le fer se liquéfie par la chaleur, et il se solidifie en refroidissant. L'air, jusqu'à un certain point, pourrait faire de même.

L'eau ne peut se comprimer; il lui faut, comme à l'air, une issue d'un côté ou de l'autre.

L'homme n'est pas seulement une machine, il est aussi une espèce de plante vivante, à laquelle il faut des aliments, pour ne pas dire de l'engrais. On peut aussi l'assimiler à un corps et ses veines à des rivières. La terre est aussi un grand corps vivant dont le soleil est comme la tête. Mais c'est aller trop loin; ces choses sont en dehors de notre compétence.

Quant à la machine, c'est nous qui l'avons créée; nous avons le pouvoir de la modifier, de la transformer, selon notre savoir. Il n'est pas nécessaire que la pression se fasse à air chaud, bien que de prime abord on ait trouvé par l'ébullition de l'eau avec fumée appelée vapeur. On devrait remarquer que, dans cette fumée ou vapeur, il y a de l'air, et que c'est de cet air que vient toute la force, oui, toute la force.

Une autre observation à faire, c'est que l'air ne plie pas, il plie moins que le fer le plus dur. Il lui faut une issue, il faut qu'il s'échappe, sinon, bien qu'en petite quantité et soumis à une pression minime, il ferait éclater la plus solide des enclumes. Je me suis basé sur ce principe pour établir qu'à l'aide d'un ressort on peut aspirer l'air et le conduire à sa guise, comme la vapeur. Je prétends même qu'on peut obtenir plus d'air qu'il n'en est nécessaire.

Mes procédés, je le répète, sont si simples et si vrais que je ne crois pas utile de les discuter. Je crois aussi qu'il est inutile d'ajouter qu'il faudra remonter ces ressorts tous les jours ou tous les deux jours, s'il en est besoin.

La science possède certainement des hommes très capables ; mais la science elle-même n'est-elle pas infinie ?

Je reviens à ce qui me concerne plus particulièrement, je veux dire le phylloxera. Ceux qui me liront attentivement pourront avec moi faire remarquer aux spécialistes que le bois de la vigne, au sortir des vendanges, en 1886, était en assez bon état. Il avait une teinte jaune caractéristique, indiquant que la séve avait repris beaucoup de force. Il pleut depuis trois mois, et le bois de la vigne est devenu tout noir. Cela indique que la séve a été affaiblie par le trop d'eau. Je veux, par cette observation, faire comprendre que les insectes n'ont aucune part aux maladies de la vigne, et qu'elles ne sont dues qu'à la mauvaise température et au trop de rendement.

La science dira qu'on ne peut électriser l'air de la manière que j'indique. Je soutiens le contraire. D'ailleurs, que m'importe la science ! Souvent il y a dix moyens d'arriver à un but, alors qu'elle n'en a qu'un dans son répertoire.

Le savant, j'entends par là l'homme instruit, trop d'individus n'ont du savant que le nom, l'homme instruit, dis-je, ne doit point se renfermer dans ses idées. Il est nécessaire qu'il juge, estime et apprécie l'imprévu, les exceptions, et même ce qui souvent est pris pour une erreur. Dans le cas contraire, il n'est qu'un fanatique, n'admettant pas ce qu'il sait, sans croire qu'en dehors de lui il puisse y avoir quelque chose d'aussi important et peut-être plus.

Voici une nouvelle preuve de ce que je dis :

Je fais, moi aussi, de la science. Nous sommes dix coupeurs, nous coupons de dix manières différentes, et nous faisons des vêtements qui vont bien. J'ai des modèles de coupe de plusieurs tailleurs de grandes villes ; pas un ne se ressemble. J'ai cependant vu les vêtements portés par les clients et tous ces vêtements vont très bien.

J'ai connu un coupeur chez M. Baquaire, rue de la Paix, à Paris. Ce coupeur avait 30,000 francs d'appointements, sa science était donc bien rétribuée. Il lui arrivait néanmoins de couper des habits qui allaient très mal et qui parfois même étaient hors de service. On ne peut alléguer que ce coupeur était dérangé par le commerce, car jamais un coupeur ne s'occupe de commerce, il est tout entier à sa science de la coupe.

Ces grands coupeurs ne sont point infaillibles, tant s'en faut. Ils sont cependant appelés à devenir patrons dans un temps très rapproché, puisque, tous les dix ans, les patrons qui les exploitent se retirent avec quatre ou cinq millions de fortune. Cela prouve que si ces messieurs les coupeurs, qui sont si bien rétribués dans leur spécialité et qui ne sont certainement pas bornés, se trompent souvent, c'est que, s'il y a chez eux beaucoup de bon, il y a aussi du mauvais, bien qu'ils aient étudié toutes les méthodes qui existent.

Je reviens à ce qu'il y a d'essentiel et je demande pourquoi le bois de la vigne devient tout noir après une longue pluie. Que l'on n'aille pas me répondre que la cause en est aux insectes, ni attribuer cet effet soit à de trop fortes gelées, soit à de trop fortes chaleurs. On serait trop mal reçu, fut-on l'empereur de toutes les sciences. Aujourd'hui, on parle beaucoup du greffage. Greffez la vigne, ou ne la greffez pas, tout sera inutile, si la température est contraire.

Si cependant le greffage doit augmenter le rapport, il sera bon de le pratiquer. Il viendra certainement un temps propice à la vigne ; mais il faut avant tout compter avec la température.

Le procédé que j'indique pour la guérison de la vigne est infaillible ; il faut le mettre en pratique le plus promptement possible, car le besoin en est pressant.

Quand je vois tant de simplicité et de naïveté chez ceux qui s'occupent de traiter le phylloxera, ils me font pitié ; c'est à faire douter des sciences.

---

14 Mars 1886.

Un savant me disait récemment que le mouvement de la machine, la force de la vapeur sont produits par la houille, c'est-à-dire par le combustible. Or, je soutiens que tout cela provient de l'air. D'abord, sans air, la houille ne brûlera pas, et, si même il y a très peu d'air, elle se carbonisera, elle se consumera sans donner de chaleur. Sans l'air que devient l'effet de la houille ? Donc, sans l'air, aucun mouvement ne peut se produire. Le feu ne prendra ni à la houille ni aux divers combustibles, si l'air manque totalement, ou si le feu prend, il n'aura pas de force, mais il est certain qu'il ne prendra pas du tout.

Je répète souvent la même chose, afin de mieux pénétrer le lecteur de mes idées. Il est difficile de faire comprendre à quelqu'un une chose dont il ne se doute même pas. Une idée prend difficilement racine quand le terrain manque ou est mal préparé.

4

Cluny, 3 Décembre 1885.

Lettre adressée à M. X...

Monsieur X...,

Je me permets de dire qu'il ne faut prêter aucune attention aux banalités que l'on m'opposera, car je traite de sujets dont il est impossible de calculer la valeur. Beaucoup de personnes, à l'esprit rétréci, ne comprennent pas, ou pas assez, ou ne veulent pas comprendre, mais si, dans six mois d'ici, je me suis adjoint deux ou trois adhérents, cela me suffira; j'en aurai un plus grand nombre par la suite.

On préférerait sans doute un gros volume à un petit traité, simplement pour avoir un plus grand nombre de mots, le premier et le dernier eussent-ils le même sens, mais tous mes procédés sont suffisamment expliqués.

J'indique de quoi je me sers pour agir sur l'air et déblayer l'espace, pour donner à l'air la force voulue et même le briser, selon ce que je veux obtenir, car il y a des saisons où il faut absolument du soleil. Si, dans d'autres, il y a un peu trop de soleil, je dis aussi dans mes livres comment il faut s'y prendre pour avoir de la pluie. A quoi serviraient de plus amples explications, puisque la chose est si facile.

Mes systèmes, je le répète, sont très simples, bien que terribles dans leurs effets. Il ne reste plus qu'à oser les appliquer.

J'ai dit que l'homme, à sa dernière extrémité, est souvent couvert de vermine, surtout quand la maladie dont il est atteint a été un peu longue, et que le sang a eu le temps de se décomposer. On a très bien compris que par là je faisais allusion à la vigne et au phylloxera. Cette vérité est, du reste, si évidente, qu'il n'est pas nécessaire de la discuter. Mais messieurs les savants ne se contentent pas de cela, ils veulent absolument tenter l'impossible, quitte à ne jamais rien trouver.

Cluny, 14 Mars 1886.

Tous les spécialistes et autres, qui traitent du phylloxera, ne tarderont pas à s'apercevoir qu'ils n'ont absolument rien compris à la chose, que toutes leurs vues sont complétement fausses. Ils auront certainement honte de s'être occupés des insectes et finiront par comprendre que tout dépend du genre de température, et qu'il fallait tout d'abord s'occuper du temps et rien que du temps, ainsi que je l'explique dans mes lettres à M. le Ministre.

Ce que j'ai dit, il fallait l'essayer, le mettre en pratique, sans même chercher à comprendre, car quand on ne comprend rien d'un côté, il est bien probable que l'on ne comprendra rien de l'autre. Si nous avions un changement de température, c'est-à-dire un temps sec et des étés chauds, sans trop de pluie, nous aurions de bonnes récoltes de vin et de bonne qualité.

Certaines commissions prétendent qu'il faudrait submerger la vigne pour la guérir du phylloxera ; ces idées banales prouvent bien que ces pauvres savants ne savent comment faire et me font sourire de pitié. Ces savants, qui ne comprennent absolument rien, devraient pourtant se rappeler que nous avons eu dix années consécutives de pluies ; que, pendant ces dix ans, il n'y a pas eu quatre jours de suite de beau temps, et que, par conséquent, la vigne a été généralement submergée. Elle n'a cependant rien rendu, ou presque rien, et le vin a été de très mauvaise qualité.

N'y a-t-il pas là de quoi ouvrir les yeux aux plus aveugles, de façon à ce qu'ils y voient clair et bien. C'est cependant le contraire qui a lieu, car personne n'y voit goutte. Messieurs les spécialistes et autres ne veulent pas se départir de leur incrédulité ; ils tiennent à persister dans leurs vues insensées.

Pour moi, je ne crains pas de m'expliquer comme je l'entends, parce que je possède la clef nécessaire. Inutile, du reste, de chercher à comprendre, puisque on ne le peut pas.

Enfin, nous allons donc, à force d'attendre, entrer dans de très bonnes années de vin. Il faut veiller, en outre, à ne pas trop charger la vigne, car on la tuerait ainsi tout aussi bien qu'elle est tuée par le mauvais temps. Il lui faut avant tout des printemps secs et chauds.

Je connais un moyen pour guérir en une demi-heure toute personne atteinte du choléra.

Contre *cent millions*, payés d'avance, pour dédommager les personnes qui s'occupent de mes systèmes, et *moi-même*.

Diverses observations.

Il n'a jamais existé de systèmes aussi grands, aussi utiles que ceux que j'établis, surtout certains. Je ne les échangerai pas contre n'importe quelle position. Néanmoins, si ces méthodes ne rencontrent que des esprits ordinaires, il faudra longtemps avant qu'on ne les mette en pratique.

Mais si ces choses concordaient avec les idées de tout le monde, ce serait une preuve que *mes systèmes* ne valent pas grand'chose.

Je n'attache aucune importance au titre de savant. Ce mot a trop d'étendue pour être appliqué à des hommes. Je me contente dire : Cet homme sait quelque chose.

Je supprimerai aussi le mot liberté, car personne n'a sa liberté pleine et entière.

On nous dit que la terre tourne et que la lune est un pays habité, mais quand il s'agit du soleil, le savant se prononce avec moins d'assurance. Il pourrait se faire pourtant que le soleil et la lune fussent aussi en mouvement ; dans ce cas, il ne nous resterait qu'une partie du trajet à parcourir. Comment se fait-il donc qu'il n'y ait d'exceptions que pour nous ?...

Il m'a semblé comprendre que les spécialistes se sont trompés quelquefois en ce qui concerne le phylloxera. N'y aurait-il pas à craindre qu'ils ne se trompent de même sur les autres choses ? D'où il s'ensuivrait que, dans les grandes études, tout serait à recommencer.

Le savant me répondra qu'il ne se trompe pas. Mais pour qui se prend-il donc ? En réalité, il n'est qu'un homme, et non pas un Être suprême. Les sciences et, par conséquent, le progrès sont fixés et déterminés par le savant, parce qu'il est en titre. Il a le droit de condamner tout ce qu'il ne comprend pas et il prétend tout connaître.

J'admets qu'il connaisse ce qui est établi; mais à quoi se réduit sa science, s'il reste plus de choses à connaître qu'il n'y en a de connues. On n'a d'ailleurs qu'à jeter les yeux sur les découvertes qui se font chaque jour.

Il est peut-être vrai qu'il y a toujours assez de connaissances, et que même il y en a trop. Dans un temps qui n'est pas très éloigné, cent ou cent cinquante ans à peine, il n'y en avait guère, mais on était de son temps et on s'en trouvait bien. C'est cependant comme si l'on parlait d'hier, car un siècle ne compte pas dans l'immensité des temps.

On pourrait m'objecter que l'homme est impuissant contre les phénomènes naturels. Or, si l'on défriche une parcelle de bois ou de pré, si l'on en extirpe les plantes et l'herbe, toutes ces plantes repousseront certainement, mais non pas tout de suite et seulement après un long temps. On aura cependant touché à des espèces naturelles. L'homme a peut-être plus de puissance qu'il ne le croit; mais le tout pour lui est de comprendre.

Quand je vois comment l'homme a traité la question du soi-disant phylloxera, quand j'étudie un peu ses pensées, j'ai grande envie, à quelque rang qu'il appartienne, y compris le grand savant, qui croit tout savoir et qui ne sait rien, de ne l'estimer guère mieux qu'un animal ordinaire. Que dirai-je des masses dont l'instruction est si mince qu'elle ne dit rien qui vaille ?

Remarque sur le mot « ouvrier ».

Tous les hommes, petits ou grands, sont des ouvriers. Ainsi Charlemagne et Bonaparte étaient de grands ouvriers. Quant à l'homme riche qui vit dans l'insouciance et que l'on peut appeler une *nullité*, à peine sera-t-il rangé parmi les ouvriers les plus petits et les moins utiles.

Donc, ce n'est pas la fortune qui donne ou ôte à l'homme ses qualités.

Comme les gens du peuple ne sont jamais appelés *prince*, ils ne doivent prononcer ce mot qu'avec un profond mépris, car un prince n'est autre chose qu'un homme comme eux. A quoi bon croire qu'il est une espèce de Dieu ? D'un autre côté, ce n'est guère la peine de dire la vérité au peuple, puisqu'il ne peut rien comprendre, et peut-être vaut-il mieux pour lui qu'il ne comprenne rien. Je dis cela parce que les peuples ne sont pas plus avancés et n'en

comprennent pas plus, ou à peu de chose près,
qu'il y a deux mille ans.

On réclame maintenant une pépinière de vigne
américaine ! Encore une sottise de plus, tout
aussi idiote que les autres.

La conclusion de tout cela est que mes paroles
ne sont pas complétement de bon augure. Les
peuples trop savants touchent à leur fin, à quelques siècles près. La terre peut rester bien des
temps inhabitée ou à peu près. Plus tard, le
monde recommence et on dit alors que c'est le
commencement du monde. C'est ainsi que cela
a toujours dû se faire et que cela se fera toujours.

Que sont, en effet, quatre mille, dix mille, ou
même vingt mille ans dans l'immensité des
temps ou dans l'éternité, comme l'on voudra.

Une catastrophe survient et tout est suspendu
ou anéanti.

Fin Septembre 1886.

J'ai vu à Montillet, dans la propriété de
M. Aucaigne, la vigne abritée par des arbres
touffus, plus verte qu'ailleurs et garnie même
de jolis raisins. Dans d'autres vignes, où les
feuilles étaient tombées de très bonne heure,
j'ai aussi remarqué que la grande chaleur a fait
pousser des tiges munies de feuilles très vertes.

Cela prouve donc bien que ce sont les grandes pluies qui abiment les vignes. Aussitôt après les pluies, les feuilles tombent; la vigne reverdit, au contraire, après de longues chaleurs, parce que la sève a repris de la force.

Pour remédier au mauvais état de la vigne, il n'y a donc qu'à s'en prendre à la température. Je veux dire par là qu'il faut l'approprier à nos besoins, en mettant en pratique le système que j'ai développé dans tout le cours de mon traité.

On aura beau hésiter, le grand besoin forcera, j'en suis certain, les plus entêtés à se rendre à l'évidence.

28 Septembre 1886.

Que l'on remarque les pommes, les poires, enfin toutes les espèces de fruits. Il arrive souvent qu'il y a trois ou quatre fruits sur une petite tige. Or, les moins alimentés par la sève deviennent véreux de bonne heure et ne tardent pas à tomber. En présence de ce cas, les spécialistes et les savants ne manqueraient pas de dire : « Rien d'étonnant à cela, il y a des vers dans ces fruits et c'est ce qui occasionne leur chute. » Mais quand le verre est trop gros, il perce le fruit pour prendre l'air.

Non, encore une fois; la cause, la voici :

Le fruit n'ayant pas été suffisamment alimenté, c'est-à-dire le sang ou la sève n'étant pas en assez grande abondance, le peu de sève qu'il y a dans ce fruit se décompose, et c'est de là que naît l'insecte; mais il ne naîtra pas si le fruit est sain, si la sève est suffisante. De plus, si l'arbre lui-même manque de sève, le peu qui lui reste se décomposera également; aussitôt des insectes de toute espèce y surviendront et l'arbre sera perdu.

Voyez la vigne en 1886. Les raisins mûrissent très difficilement, toujours en raison du manque de sève. Cette sève a été enlevée au printemps par les grandes pluies, et aujourd'hui il y en a très peu. Aussi les raisins produisent-ils à peu près le même effet que s'ils étaient suspendus à un clou; les graines tombent, même quand l'on touche le cep.

L'homme n'étant pas assez intelligent pour comprendre, j'aurai bien de la peine à lui faire saisir la vérité, bien qu'il y aille de ses intérêts.

Les vignes bien travaillées et bien fumées se sont un peu défendues, parce que le fumier réchauffe la terre et fortifie la sève. Dans ces conditions, pour abimer la vigne, il faut un temps bien contraire, un temps pareil à celui que nous avons eu ce printemps, où il est tombé une pluie battante pendant deux mois de suite. C'est dans cette occasion qu'il eût été indispensable d'appliquer mon système.

Pour appliquer un remède, il faut d'abord connaître la cause du mal, et ces messieurs n'ont pas encore trouvé la vraie cause du phylloxera, attendu qu'ils tournent le dos à la vérité.

Si, malheureusement, toutes les vignes étaient traitées de la manière que les spécialistes nous indiquent, toute la terre y serait empoisonnée et tout ce qu'elle produirait serait poison. Je connais des personnes qui ne veulent pas laisser manger à leur bétail l'herbe qui pousse dans les vignes ainsi traitées.

Le 28 septembre 1886, j'ai vu, dans la commune de Lournand et même sur une hauteur, des vignes assez belles pour l'année, bien plus belles du moins que celles qui ont été traitées. J'ai demandé aux vignerons et à d'autres quels traitements on avait fait subir à ces vignes, plus belles que les autres. Il m'a été répondu qu'on n'avait rien fait que les travailler et les fumer convenablement. Si ces vignes avaient été traitées, on se serait empressé de me dire : « Allez donc voir mes vignes, comme elles sont belles ; je les ai traitées de telle manière. »

Je le répète : toutes les drogues doivent être rigoureusement supprimées.

Cette année, en 1886, si les chaleurs n'étaient pas vite venues, et avec durée, tous les raisins auraient continué de se perdre, et nulle part on n'aurait fait de vin. En outre, si, à l'arrière-saison, il était tombé bien de l'eau, tous les raisins auraient pourri ; personne n'aurait vendangé.

Et cela, *encore et toujours par le manque de sève* occasionné par les grandes pluies du printemps.

Si l'on comprend, on n'osera pas me faire d'objections. S'il se fait encore un peu de vin, cette année, et du vin passablement bon, c'est bien certainement grâce à la chaleur. Cependant, certaines gens sont bien capables de dire : S'il avait bien plu, on aurait, au contraire, fait beaucoup de vin.

Je donne ci-après quelques unes des lettres qui m'ont été adressées par M. le Ministre de l'Agriculture, à propos de mes divers systèmes, que je m'étais fait un devoir de lui soumettre.

MINISTÈRE
DE L'AGRICULTURE
ET DU COMMERCE

Paris, 12 Juillet 1880.

Monsieur, le 4 Juillet courant, vous m'avez adressé une description du moyen que vous proposez d'employer, pour empêcher la chute de la pluie et de la grêle. Ce procédé consisterait à électriser l'air par une commotion forte et sèche, telle que le bruit du canon et celui des cloches.

J'ai l'honneur de vous remercier de cette communication que j'ai fait classer.

Recevez, Monsieur, l'assurance de ma parfaite considération.

Le Ministre de l'Agriculture
et du Commerce,

Pour le Ministre et par autorisation :

Le Directeur de l'Agriculture,
E. TISSERAND.

MINISTÈRE
DE L'AGRICULTURE
ET DU COMMERCE

Paris, 30 août 1883.

Monsieur, vous m'avez adressé la description d'un procédé destiné à combattre le phylloxera et l'oïdium au moyen de commotions violentes, telles que celles produites par le bruit du canon ou des cloches.

J'ai l'honneur de vous informer que votre communication sera soumise à l'examen de la Commission chargée de l'étude des questions se rapportant à la défense du vignoble contre le phylloxera.

Recevez, Monsieur, l'assurance de ma parfaite considération.

Le Ministre de l'Agriculture,

Pour le Ministre et par autorisation :

*Le Conseiller d'État,
Directeur de l'Agriculture,*
E. TISSERAND.

MINISTÈRE
DE L'AGRICULTURE
ET DU COMMERCE

Paris, 8 Septembre 1883.

Monsieur, j'ai l'honneur de vous accuser réception de votre lettre du 1er courant et de vous informer qu'elle sera jointe à votre dossier pour être soumise à l'examen de la Commission supérieure du phylloxera.

Recevez, Monsieur, l'assurance de ma parfaite considération.

Le Ministre de l'Agriculture,

Pour le Ministre et par autorisation :

Le Conseiller d'État,
Directeur de l'Agriculture,

E. TISSERAND.

Cluny, 18 juillet 1887.

Manière de placer les canons.

Lorsque le ciel sera complètement couvert de nuages, que l'on prenne cent pièces de canon d'un calibre ordinaire, même au-dessus de la moyenne si l'on veut. On les placera sur la crête d'une chaîne de montagnes. Si on les fait tonner pendant trois ou quatre heures par jour, et même plus, s'il en est besoin, on conjurera le mauvais temps jusqu'à soixante et même quatre-vingts kilomètres dans la direction du vent. Lorsque les nuages auront été dissous par la commotion des canons, il s'écoulera un certain laps de temps avant que d'autres nuages se reforment. L'on aura ainsi obtenu un grand résultat.

S'il s'agit seulement de protéger une contrée peu étendue, ou de dissiper un nuage plus ou moins dangereux, trois ou quatre pièces de canon suffiront.

Ces opérations ne se produiront peut-être pas plus de dix fois par an; la dépense ne serait donc pas aussi forte qu'on pourrait le supposer au premier abord. Encore dépasserait-elle plusieurs centaines de mille francs, qu'elle ne serait rien en comparaison des valeurs garanties. Que l'on songe bien que la vigne est une des principales ressources, si ce n'est la première, de notre pays. En 1872, la culture de la vigne, en France, s'étendait sur une superficie de 2,614,000 hectares, dont 43,865 pour le département de Saône-et-Loire; la production moyenne était évaluée à 70 millions d'hectolitres, ce qui représente une valeur de plus de DEUX MILLIARDS; aujourd'hui, la production totale n'atteint pas la moitié de ce chiffre. Mon système mérite donc d'être pris en considération.

La vigne a des signes de mauvais augure. Après de longues pluies, les feuilles deviennent d'un vert jaune pâle; elles tombent même quelquefois, et, à l'automne, le bois devient noir au lieu d'être jaune. Lorsque le temps est sec, au contraire, les feuilles sont d'un vert noir magnifique, ce qui annonce une végétation luxuriante. C'est une remarque que nous avons tous faite certainement. La pluie est donc la véritable cause de la maladie de la vigne. Il ne faut pas s'arrêter à rechercher les moyens de détruire le phylloxera et les autres insectes, il faut remonter à la cause première et saper le mal à sa racine : le seul remède est de produire un temps sec et chaud.

Le *Petit Savant* me dit que la pluie est occasionnée par l'évaporation que cause le soleil; mais il est donc bien capricieux ce soleil, puisque l'on est quelquefois deux ou trois mois sans pluie!

En se pénétrant bien des idées de la science au sujet du phylloxera, on voit que toute son attention a été portée sur l'insecte appelée phylloxera ; mais je trouve en cela une fameuse équivoque, parce que l'on aurait bien pu détruire l'insecte sans détruire la maladie. La science s'est parfaitement trompée du premier abord et toutes ses opérations ont été nulles ; elle aurait bien dû au moins ne pas continuer dans le même sens.

Remarquons que si plusieurs étés secs se produisaient, une maladie sévirait sur les prés ; pour remède, on nous conseillerait d'aller chercher des plants d'herbes dans les pays où les pluies sont abondantes, sur la côte de Coromandel, par exemple. Etrange procédé ! C'est cependant ce que nous voyons pour la vigne ! La science est un peu routinière ; elle fait les mêmes objections et la même opposition que le dernier des simples.

Remarque : Quand le temps veut se mettre à la pluie, on dit que le temps est lourd ; on respire plus difficilement ; on éprouve certain malaise. Pourquoi ? A quoi attribuer cet effet ? A la vapeur d'eau qui se trouve dans l'air. Lorsque l'état hygrométrique de l'air est trop fort, la vapeur se condense et la pluie tombe. Si l'évaporation est continue, la pluie durera longtemps ; c'est contre quoi je veux réagir par le bruit des canons, qui électrisera et agitera l'air.

Une observation sur les Pommes de terre.

Les pommes de terre ont pourri pendant dix ans.

Il y a une quarantaine d'années, les pommes de terre pourrissaient toutes. Impossible était de s'en procurer de bonne qualité. Aujourd'hui, la récolte est abondante, et l'on a d'excellentes pommes de terre généralement. Pourquoi donc ne pourrissent-elles plus autant? Je vais l'expliquer.

Lorsque les pommes de terre ont pourri, il y a eu plusieurs automnes consécutifs très pluvieux et froids. La sève, ou le sang de la plante, se trouvait affaiblie par le manque d'alcool, cause de la maladie. Les insectes ne s'y mettaient pas, attendu que la pomme de terre possède une certaine quantité de poison, mais elles n'en pourrissent pas moins. J'ai eu moi-même l'occasion de remarquer qu'après les grandes pluies, les tubercules devenaient noirs et sentaient très mauvais. Chacun se disait que ce légume était perdu. Mais vinrent des automnes moins pluvieux et plus chauds, et l'on vit le fléau qui désolait les campagnes, et qui privait la population de sa principale nourriture, disparaître comme par enchantement. Cependant les spécialistes et les cultivateurs n'ont jamais su pourquoi nous récoltons aujourd'hui des pommes de terre d'excellente qualité. Dira-t-on qu'ils n'ont point été encouragés dans leurs recherches et soutenus dans leurs études? L'on connaît trop les sacrifices que s'est imposés le Gouvernement pour remédier à cet état de choses. Les ministres de l'agriculture, et particulièrement M. Méline, ont fait tous leurs efforts, ont prodigué tout leur dévouement pour venir en aide aux populations agricoles.

Oui, les spécialistes et autres ont tâtonné pendant vingt ans sans pouvoir comprendre que cette maladie des pommes de terre tenait à une température contraire, telle qu'une trop grande durée d'un temps pluvieux et froid, auquel on aurait pu aisément remédier par mes systèmes. Pourquoi ne pas les essayer, même sur une grande proportion? Il me semble pourtant que cela en vaut la peine.

Mon système serait donc encore ici d'une utile application. Qui n'en voit alors toute l'importance? La vigne garantie contre la terrible maladie dont elle souffre en ce moment, c'est la richesse de la France maintenue, c'est le bien-être des habitants de la campagne assuré.

Mais je pressens que mon système aura des adversaires. Toute idée originale, toute découverte nouvelle n'a-t-elle pas été taxée d'utopie lors de son apparition?

L'étranger a bien su en tirer profit. Les préjugés scientifiques sont aussi difficiles à déraciner que les superstitions populaires. Il faut une nouvelle génération pour apprécier les choses à leur juste valeur. J'espère donc en l'avenir, si le public n'accueille pas cette brochure comme il convient. Je le répète, il y va de la richesse d'une nation !

Alors même que les savants possèderaient des connaissances très étendues, les idées que renferme ma brochure ne leur sont pas encore familières. Mais dès qu'ils l'auront lue, ils en seront bien vite pénétrés. Qu'ils abandonnent donc les théories et qu'ils daignent jeter les yeux sur des choses essentiellement pratiques.

———

Celui qui boirait pendant plusieurs années un vin provenant d'une vigne traitée aux acides de cuivre et autres peut être atteint de maladies très graves, car ce vin est imprégné de poison.

———

Ainsi l'air s'équilibre au beau temps par un excès de mauvais temps ; de même l'excès de chaleur amène un changement de temps. S'il n'y a pas excès, le temps peut rester stationnaire. C'est pourquoi je vise à faire disparaître l'équilibre de l'air, selon ce que je veux obtenir. J'aurai ce résultat en surchargeant l'air d'électricité.

———

En 1887, le mois de mai a été complètement pluvieux ; mon système aurait été de grande utilité, car la vigne a bien souffert. Une grande chaleur a succédé heureusement à ce mauvais temps. Aussi la vigne promet beaucoup pour l'an prochain.

Mon système de remplacer la vapeur par l'air pourrait peut-être donner un million d'économie par jour. En effet, combien est grand le nombre de ceux qui se servent du charbon !

Vins empoisonnés par le sulfate.

Le vigneron me dit que le soutirage rend son vin pur ; mais il aura beau le soutirer, il n'en extraira jamais le poison que l'on a introduit dans la sève, dont les feuilles dépendent.

S'il n'y avait pas de sève dans les feuilles, elles n'existeraient pas ; aucun effet ne peut se produire, pas plus sur les feuilles que sur les raisins, sans l'action de la sève. Si on produit un effet sur les feuilles de vigne par le sulfate, le vin ne sera plus naturel ; le spiritueux, l'alcool est malsain, parce que, en touchant les feuilles, on a touché la sève par l'acide ; c'est par ce moyen qu'on substitue à la sève de la vigne un

alcool arseninal ; en un mot, on remplace le
naturel par l'artifice, mais il y a à s'en défier
pour la santé.

Il y a même à craindre un empoisonnement
général, dont le trop de science serait cause,
attendu que si toutes les vignes étaient sulfatées
ou traitées avec des drogues arsenicales, la
terre, à son tour, ne manquerait pas d'être atteinte et ensuite l'eau, de là surviendrait un
empoisonnement général, autant par le vin que
par l'eau, et la science nous dira que c'est une
épidémie, parce qu'elle a toujours raison partout.

La science se trompe presque dans tout ; elle
ne peut pas dire deux mots sans qu'il y ait une
erreur, soit insignifiante, soit impraticable ou
même dangereuse.

30 août 1887. (Remarque.)

La vigne est tellement malade que, bien que
nous ayons eu seulement quatre nuits de forte
rosée, plus quelques averses, les feuilles
sèchent.

La science appelle ça le *mildew* et elle re-
court au sulfate de cuivre et autres pour y remédier ; mais si le sulfate de cuivre et autres produisent un effet sur la vigne, c'est une raison de
plus pour se défier du vin, attendu que le vin
tient de la sève et que la sève a été touchée par
le sulfate.

Je le répète, que l'on se contente donc de travailler les vignes et de les fumer convenablement, à part les endroits très humides et froids que l'on ferait bien de poudrer de chaux avant de les piocher, et je ne cesserai de répéter que si l'on subit des temps pluvieux et froids, tout ce que l'on fera sera inutile ; alors mon système deviendra inévitable.

Dans cela, je fais remarquer que le soleil est moteur pour toutes les plantes, parce qu'il réchauffe l'air, la terre, par conséquent ; la terre, l'air et l'eau sont trois aliments indispensables à la nature.

Ce n'est pas suffisant de lire mes brochures, il faut les étudier. Je voudrais aussi que l'on mette les grandes manœuvres au mois d'avril, et je recommande essentiellement de ne pas avoir que des insectes à la tête et d'être beaucoup plus profond.

Que l'on fasse aussi bien sévèrement attention à mon système de suppression de vapeur remplacée par *l'aspiration et la pression de l'air.*

C'est une grande folie de croire que nous pouvons régénérer la vigne sans le bon vouloir de la température. Que l'on s'adresse donc au soleil, comme je l'indique dans ma brochure, mais, encore une fois, pour qui se prend donc le soi-disant savant pour avoir la prétention de se passer du soleil ?

Il ne faut pas bien être intelligent pour comprendre que si l'on continue d'employer le poison avec si peu de défiance, l'on amènera sur l'espèce humaine et sur les animaux un empoisonnement général.

Celui qui fume sa vigne et qui la sulfate se figure que c'est le sulfate qui fait l'effet; mais les feuilles ont beau être vertes, il n'y a quand même point de raisins ou très peu. Voici une preuve à l'appui de ce que je dis :

Le 18 octobre 1887, j'ai vu, à Lournand, une vigne à Cartailler, dans l'endroit appelé *aux Champs de Lournand*; cette vigne, très belle, avait toutes ses feuilles, cependant elle n'avait été traitée d'aucune façon, seulement fumée. A côté de Cartailler, j'ai vu encore une autre vigne également belle; j'ai demandé ce qu'on y avait fait; on m'a répondu qu'on l'avait seulement fumée et il y avait des feuilles en abondance.

On dit que le phylloxera vient d'Amérique; mais les cerises, quand elles sont mûres, qu'elles commencent à être trop faites, n'ayant plus assez d'alcool, les vers s'y mettent; la science dira-t-elle aussi que ces insectes viennent d'Amérique?

Maintenant, pour les différentes maladies de la vigne, je ne vois pas pourquoi ces énumérations de maladies dans le répertoire de la science, telles que : *mildew, antrachnose, phylloxera,* etc.; à quoi bon tous ces noms, puisque c'est la même cause qui les donne toutes, la vigne; oui, la seule cause, la vigne est anémique; elle manque de sang, enfin de sève.

Pourquoi donc la vigne est-elle anémique? Parce qu'elle a eu pendant dix ans la pluie consécutive, vu que ces longues durées de pluie ont pour effet d'affaiblir et de détruire la sève, et de sa décomposition naissent les insectes et toutes autres maladies; mais toutes ces maladies fantastiques de la science n'en font qu'une, puisque tout vient du manque de sève.

J'ai vu, en débriquant un gros chêne très sain et à moitié sec, également de gros insectes au milieu de ce chêne, seuls, parsemés de distance en distance; ces vers sont donc nés dans le milieu de ce chêne par la décomposition de la sève; il est bon de dire que j'ai vu abattre ce chêne en complète verdure, pour que l'on ne croie pas que ce sont ces quelques vers qui l'ont tué.

Pour la vigne, il ne faut s'occuper que de la sève; en la fumant un peu, mais surtout en ayant une température chaude et sèche, la vigne est inévitablement sauvée. J'indique assez dans mes brochures la manière de s'y prendre.

Si l'on a corrompu le sang de l'homme par des traités arsenicaux, on ne pourra plus l'épurer; de même si l'on a vicié la sève, qui est le sang de la vigne, par des traités arsenicaux, tels que sulfate de cuivre ou autres, le vin en sera atteint et il ne sera plus naturel.

Les vignes sulfatées aux acides de cuivre et autres peuvent occasionner des maladies dangereuses; elles peuvent être promptes au dénouement, comme l'on peut rester vingt ans en souffrance, c'est long; comme les vignes sont fortement sulfatées, de la quantité de vin que l'on absorbe dépend la force de constitution de l'homme.

Il y a à voir qu'en sulfatant la vigne, la science n'a pas cru influencer sur la sève ; sa pensée était d'atteindre les insectes. Eh bien ! en cela, les effets du sulfate ont dépassé les idées étroites de la science, car ils ne se seraient pas du tout imaginés qu'ils influençaient la sève.

En sulfatant les vignes par une chaleur forte et prolongée, vous détruirez vos vignes, parce que vous surchargerez l'alcool d'acidité. C'est comme un homme qui a grandement assez bu et qui veut encore boire. Ou bien une chose déjà très chaude que l'on chauffe encore, le feu finit par y prendre.

J'ai remarqué qu'en buvant du vin de vignes sulfatées aux acides de cuivre, on était très énervé, signe de mauvais augure. Je ne crois pas que le corps puisse s'habituer à ce genre de poison sans en supporter de graves conséquences. J'ai donc raison de dire qu'un semblable vin peut occasionner des maladies dangereuses. En vu de tout cela, je suis certain qu'avant peu on défendra le sulfate de cuivre.

En France, les vignes sont sauvées, grâce à la chaleur qui a commencé en 1886 et 1887. En 1888, le vin aurait été de très bonne qualité si la science n'était pas intervenue avec le sulfate de cuivre. Et que m'importe l'apparence si l'on altère la qualité par le sulfate dont l'alcool de ce vin serait empoisonné. Oh ! je comprends, ça ne foudroiera pas instantanément, mais, à la longue, les effets en sont à redouter.

Ce qui me fait dire que les vignes sont sauvées, c'est que je prétends que nous allons avoir des étés chauds ; je ne me préoccupe pas si les savants disent le contraire, et s'il y a des accidents de température, appliquez ma méthode.

Maintenant, en fait de plants de vigne, l'on peut se servir des plants que l'on voudra, ils sont tous bons ; la température propice est revenue, et s'il survient trop de pluie, qu'on la combatte selon mon système et sans retard.

Au sujet du sulfate de cuivre.

Des personnes me disent que l'on passe bien à la chaux ou au vitriol le blé avant de le semer et que ça ne nuit en rien à la farine ; à cela je réponds que la chaux ou le vitriol produisent simplement l'effet de réchauffer le grain, de l'activer, afin de rester moins longtemps en terre et éviter qu'il ne pourrisse ; de plus, les insectes ont trop le temps de le manger. Comme l'on voit, le mystère n'est pas bien grand. Du reste, la chaux ne produit pas du tout le même effet que le sulfate de cuivre, et puis l'application en est faite sur un corps sec, tandis que, pour la vigne, c'est un corps plein de vigueur; on atteint donc le sang de la vigne.

Pour la vigne, je ne permets que la chaux ou l'amoniaque, et pour cela il faut des étés pluvieux et froids.

Pour se rendre bien compte que le vin sulfaté est empoisonné, il faut analyser le vin provenant de vignes sulfatées trois fois, et analyser en même temps le vin de vignes non sulfatées, mais il faut en être bien sûr.

Dans l'analyse du vin sulfaté, vous retrouverez le sulfate de cuivre par la teinte verte; l'analyse ne donnera pas cette teinte pour le vin non sulfaté.

La science peut contrôler par l'analyse du vin sulfaté trois fois et du vin de la même année ne l'ayant pas été.

Un savant qui m'interroge me demande d'où vient l'alcool. La réponse est dans ma brochure; elle est toujours faite d'avance; elle nous dit que tout vient du soleil; pourquoi pas l'alcool que vous emmagasinez par une fermentation ou compression; ce n'est jamais qu'un petit travail opéré par notre carcasse qui vient encore du soleil. C'est pourquoi je dis que vous avez suppléé, sans vous en douter, un alcool artificiel par la chaleur acide du sultate de cuivre et que votre vin n'est plus naturel, qu'il est empoisonné par le sulfate ; ainsi donc un seul mot bien compris renferme une grande partie de vos détails ; le soleil, même la lune, n'y sont pour rien.

Le résumé de toutes ces idées, c'est que dans tous les temps où la vigne recevra la pluie pendant dix ans consécutifs, la séve se décomposera et donnera naissance aux insectes, et les racines pourriront ; en cela, méprisez cette naïveté de croire que ce sont les pucerons qui détruisent la vigne, et il en est de même pour les arbres fruitiers, quand ils sont contrariés par une température contraire, ou lorsque le sol ne leur plaît pas ; si la température convient, c'est l'essentiel, le sol plaira bien aussi.

———

Je remarque un grand soi-disant savant qui maintient une poule dans l'eau pendant trois jours en se disant que la poule a le sang trop fort et qu'il faut l'affaiblir pour lui faire prendre le microbe charbonneux ; eh bien, ajoute ce savant, si, au moment où le ravage du charbon se produit, on retirait cette poule de l'eau, en la réchauffant soigneusement, cette dernière, qui était presque morte, reprend ses forces dans cinq ou six heures, se secoue, elle est sauvée, le microbe charbonneux étant disparu. Mais, insensé et malheureux savant, vous ne voyez donc pas qu'en faisant tremper cette poule trois jours dans l'eau, vous lui avez tourné le sang; vous avez sorti à ce sang toute sa force, comme qui dirait sorti tout l'alcool d'un liquide.

Une matière quelconque se décompose par l'excès du trop ou du pas assez; il est certain qu'en réchauffant le sang de cette poule dont je viens de parler, l'on ramène le sang dans son état normal par la chaleur, mais vous ne lui avez pas sorti le microbe, elle ne l'a jamais eu, vous lui avez tout simplement affaibli et désorganisé le sang; donc, quatre heures de plus, la poule en serait morte et vous auriez eu la bonhomie de croire que c'était le microbe qui l'avait tuée.

Le vrai sujet de tout cela, c'est la vigne; elle aussi a trempé dans l'eau comme la poule de mon savant, mais pendant dix ans consécutifs, ce dont j'ai eu la fantaisie de prendre note, et je me base sur les vues de la science pour le traité du phylloxera, et je dis que, quoique les deux substances soient différentes, les effets en sont les mêmes. La science ne croit pas que c'est le trop de pluies, enfin le trop d'eau qui affaiblit le sang de la vigne, qui est sa chute irrévocable. Tout aussi bien que la poule, si, au lieu de rester dix ans dans l'eau, elle n'était resté que cinq ans, le soleil l'aurait réchauffée et l'on se serait à peine aperçu de son indisposition. Mais, comme elle est resté dix ans dans l'eau, la sève s'est

tellement affaiblie qu'elle s'est totalement décomposée et elle est morte.

Je ne pourrais jamais assez faire remarquer
à la science que c'est de la décomposition du
sang de la vigne que naissent les insectes; ces
malheureux ne peuvent pas comprendre que la
sève de la vigne, en se décomposant, tourne en
insectes; ils croient, au contraire, que ce sont
les pucerons qui détruisent la vigne; même erreur que pour la poule.

On me dit que l'on fait submerger la vigne
dans le Midi; oui, mais dans les mois de mars
et d'avril; à cette saison, c'est insignifiant, la
sève n'est pas en activité comme aux mois de
juin et de juillet.

On ferait bien de se demander pourquoi nous
ne faisons pas de vin depuis dix à douze ans de
suite, se rendre compte des pays chauds et des
pays froids, voir notre genre de température
depuis douze ans, même quinze; si l'on avait
pris cette peine, on aurait remarqué aisément
que notre climat n'était plus le même, qu'il
était pluvieux et beaucoup plus froid que
d'habitude. L'on n'a qu'à voir la Corinthe,
l'Espagne, même le Sénégal, ce sont des pays
très chauds qui font beaucoup de vin, eh bien!
ces différents genres de climats devraient attirer
l'attention de la science, elle serait fixée, et jamais elle ne s'occuperait plus de phylloxera, ni
des microbes, elle comprendrait que tous ces

insectes sont le produit de telle ou telle matière décomposée.

La science aurait des vues plus grandes, plus étendues, au moins dignes d'elle, au lieu que ce que l'on fait pour le phylloxera ne convient qu'à un enfant de dix ans; cela est peu flatteur pour des grands savants, et l'on verra tôt ou tard que cela ne suffit nullement d'être savant ou de se croire un savant; puisque, comme l'on voit, ça ne suffit pas, il faut plus, il faut absolument comprendre, et le savant n'a pas compris, il ne comprend pas; qu'il ne vienne pas nous parler de ses résultats, s'il en a quelques-uns, il ne les a pas même compris; non, il ne comprend pas de quelle façon ses effets se produisent; voyez ses sulfates de vignes, voyez ses idées sur le microbe, il n'y a plus de place dans sa cervelle que pour les insectes.

Le Soleil.

Je fais remarquer que le soleil est non seulement moteur, mais il est aussi créateur. Prenez une matière ayant une certaine force de décomposition, ou simplement de la poussière, jetez-y de l'urine, c'est donc aussi une matière en décomposition; exposez ça au soleil et vous obtiendrez de suite une grande quantité d'insectes différents, que ça soit direct ou indirect.

Le soleil est non seulement moteur, mais il est aussi créateur; aucun effet ne peut se produire dans la nature sans la puissance du soleil et de l'air, même de la lune.

Sujets relatifs à l'équilibre de l'air.

Pour équilibrer l'air à l'aide des canons, comme je l'indique dans ma brochure, on me dit quelquefois que ce serait une trop grande dépense; mais quand on organise de grandes batailles qui coûtent des milliards, pour massacrer de part et d'autre une grande quantité d'hommes, pour joncher la terre de cadavres et nous amener ensuite la peste par l'air infecté, on ne dit pas que c'est trop cher; mais quand il s'agit de nous sauver de la misère et de la famine pour quelques centaines de mille francs, on ne cesse de répéter que c'est trop cher.

Par mon traité, l'on peut rejeter sur les mers et dans les pays lointains, même trop secs, les nuages et les quantités d'eau suspendus dans les airs. L'on remarque quelquefois que le ciel est très couvert de nuages, il vient un vent du nord vif, dans un instant le temps est clair comme s'il ne devait pas pleuvoir avant six mois.

Pour bien simplifier mon système de commotion, que l'on fasse tonner cent pièces de canon pendant quinze jours, sur trois points, c'est-à-dire dans trois villes, celles que l'on voudra, et bien compris, cent pièces de canon pour chaque ville, et dans huit jours, l'air sera assez fort pour maintenir le beau temps d'une certaine durée.

Si l'air n'est pas assez électrisé, le temps ne tiendra pas au beau, et pour avoir de la pluie, on fera la même chose; on influencera donc l'équilibre de l'air. Que l'on prenne la peine de se rendre compte de l'époque des grandes guerres, où des milliers de canons étaient aux prises pendant des mois, on verra que ça amenait soit de la pluie ou de la chaleur.

Cluny, 21 Mai 1888.

J'espère bien que l'on comprendra que, par mon système de commotion, par le bruit du canon, l'air étant électrisé, il aura la force de reconduire sur les mers les nuages ou matières chargées d'eau; donc ces nuages trouveront sur mer un air plus calme que sur terre, nous aurons électrisé l'air; mais comme l'étendue des eaux est très grande sur les mers, on ne s'apercevra pas de nos systèmes et nous aurons quand même produit un effet très grand sur terre; l'air peut être très abondant et manquer de vivacité, tel qu'un vin peut être bien noir et manquer d'alcool.

Quand le ciel est très chargé de nuages, si le vent du nord vient à se faire sentir, et s'il est assez haut, qu'il n'y ait pas au-dessus un vent

du midi ou autre, puisqu'il y a toujours plusieurs courants d'air de sens inverse ; tantôt c'est
l'un qui est dessus, tantôt c'est l'autre. Eh bien !
si les nuages sont activés par le vent du nord,
dans quelques heures on n'en verra plus, et où
seront-ils passés ? Dans d'autres pays ou sur
les mers, parce que le même vent n'est pas dans
tous les pays.

Il faut donner une explication des effets que
l'on peut obtenir en électrisant l'air par la commotion des canons ; si l'air est bien équilibré à
une longue chaleur ou à un froid prolongé et
trop vigoureux, eh bien ! j'ajoute encore de la
force à l'air qui en a déjà bien assez, je surcharge d'électricité et j'affaiblis cet air en bon
ordre, et aussitôt que l'air est déséquilibré, il se
produira une aspiration d'air de bas en haut qui
soulève des quantités d'eau, et quand l'air est
assez chargé, nous avons de la pluie ; mais l'air
est un corps que l'on peut gouverner ; tel un
homme bien portant qui boit un verre de vin, ça
lui donne des forces, s'il en prend dix, il ne peut
plus se tenir, parce que l'on a déséquilibré le
sang, on lui a donné plus d'alcool qu'il n'en
peut supporter ; pour l'air, c'est la même chose,
il subit les effets d'être trop ou pas assez électrisé. Donc le trop ou le pas assez déséquilibre
l'air, il n'a plus assez de force.

C'est là où l'on gouverne la température, en
influençant l'air, comme l'on influence sur un

corps d'homme en s'y prenant d'une manière différente, vu que les deux corps diffèrent de matière.

Depuis quelque temps, je vois les grandes
manœuvres à l'automne ; nous avons des automnes secs, c'est facile à voir qu'elles influencent
sur la température. Eh bien ! qu'on les fasse donc
aussi aux mois de mars et d'avril, afin de sauver
la vigne ; si on ne veut pas faire des manœuvres,
que l'on fasse quelque chose d'équivalent.

Pendant quinze ans, il n'y a pas eu de commotion assez forte en Europe ; la température
s'en est ressentie dans plusieurs nations.

En 1870, l'on a juste assez fait tonner le canon pour avoir un temps sec ; si l'on avait fait
plus, ça aurait amené la pluie, attendu que
l'équilibre de l'air aurait été dérangé par le trop.

On me dit que l'on fait fortement tonner le
canon sur les mers et que rien n'y fait, le temps
est quand même pluvieux ; mais je ne dis pas
de faire des évolutions sur les mers, au contraire, je craindrais que ça dérange mes systèmes
sur terre ; que l'on imite la guerre de 1870 et de
Sadowa ; que l'on ajoute les boulets si, à blanc,
ça ne suffit pas ; que la science ne vienne pas
entraver mes idées, c'est ce qu'elle a de mieux
à faire.

Si l'on sent la gelée au mois de mai, c'est de
faire tonner le canon fortement sur une grande
échelle, on changera l'équilibre de l'air et on
évitera les gelées.

L'air n'étaut pas stimulé, il se produit une aspiration de bas en haut trop facile et ça soulève des montagnes d'eau sur les mers et les rejette à droite et à gauche, selon le vent.

Je me permets de dire à tous les animaux qui s'appellent hommes de changer leurs batteries dans tous les pays, d'organiser une guerre contre les accidents de température, ce sont là leurs ennemis. Je ne vois pas de guerre plus utile que de sauver les produits de la terre, se garantir la vie, et dans la guerre habituelle on la perd ; il faut donc, sans retard, changer de vues et d'idées, ce sera bien plus intelligent et nous deviendrons de vrais hommes.

Mais ne perdons pas de vue que nos ennemis à tous, ce sont les accidents de température que nous pouvons aisément corriger, que l'on en doute pas, ce serait une guerre universelle dont tous les guerriers se porteront bien. Ne riez pas de ces choses-là ; qui que vous soyez, l'idée est au-dessus de votre savoir.

Par mes systèmes, vous aurez la victoire sur le soi-disant phylloxera, les vignes seront sauvées ; et surtout bannissons nos idées étroites de croire que nos vignes sont sauvées par les plants américains, ce serait vraiment trop facile ; malheureusement, il n'en sera rien si la température n'est pas propice. Songez plutôt à organiser une guerre qui fera disparaître à volonté les grandes pluies, les inondations, la grêle, les gelées nuisibles ; sortez de vos idées restreintes ; sortez de vos vieillés croyances ; du reste, les guerres ne rapportent rien à personne, à moins que l'on ne puisse faire autrement.

En matière de température, si ce que je dis de faire ne suffisait pas, que l'on supprime la vapeur, je craindrais que les trop grandes quantités d'exhalaisons de gaz nous sépare des bienfaits du soleil, et puisque l'on obtient la même force par l'aspiration et la pression de l'air, c'est de le faire.

Pour les inondations, la grêle, à supposer que l'on ne réussisse pas, mais que l'on fasse au moins acte de défense. Pourquoi laisser perdre tous les ans la moitié des récoltes sans faire signe de défense ? En cela, je voudrais voir l'homme sortir du rang des animaux.

Observations sur les fièvres.

Les fièvres typhoïdes. — Les spécialistes nous disent qu'elles sont dues aux microbes ou petits insectes invisibles à l'œil nu.

Selon la science, il y aurait les microbes utiles et les microbes nuisibles, comme, par exemple, le microbe de la fièvre typhoïde.

Ces messieurs ont dû trouver dans quelques parties des intestins une quantité de vermines, ce qui leur fait croire que le malade a absorbé dés microbes par l'eau ou par l'aspiration ; il n'est pas nécéssaire qu'il y ait des microbes dans l'eau pour qu'elle soit empoisonnée ; dans cela, je trouve presque les mêmes erreurs que pour le phylloxera.

Je crois que les fièvres typhoïdes viennent des aliments de mauvaise qualité et mal préparés, comme toutes les nourritures de lycées et de casernes ; cependant plusieurs autres causes peuvent aussi occasionner les fièvres typhoïdes et autres maladies.

On fera bien d'abord d'éviter de boire des eaux de puits, parce qu'elles sont trop acides, ensuite elles peuvent être empoisonnées, s'il y a près de ce puits des laboratoires de chimie, des fabriques où l'on emploie beaucoup d'acides ou matières arsenicales qui finissent tôt ou tard par s'infiltrer dans ce puits. Mais la science s'inquiète peu des effets arsenicaux, pourvu qu'elle manipule. Eh bien ! ces égoûts de laboratoires de chimie et de fabriques où l'on emploie des acides et des poisons très violents doivent être conduits par des tuyaux de plomb à longue distance ; c'est donc inutile de s'occuper de microbes ; l'eau peut être mauvaise et ne pas avoir beaucoup d'insectes, mais l'eau de puits est naturellement mauvaise et contient très peu d'insectes par le manque d'air.

Je dis que l'eau de puits est mauvaise, voici pourquoi :

C'est de l'eau qui n'ést pas complète; elle n'a pas la quantité d'air qui lui est nécessaire pour qu'on puisse l'appeler de l'eau; l'eau des puits profonds n'est qu'un liquide incomplet; fort heureusement qu'on ne peut s'en servir sans que ce liquide soit en contact avec l'air qui est indispensable à la santé.

Voici les causes les plus fréquentes des fièvres typhoïdes et autres :

Les chauds et froids :

Les aliments de mauvaise qualité et mal préparés ;

Passer d'une habitation ou d'un endroit chaud dans une habitation ou un endroit froid ; cette cause est exceptionnellement mauvaise ;

Plusieurs petits chauds et froids ;

Habitations humides ;

Les longues veilles et les repas non réglés.

Etant atteint par une des causes dont je viens de citer ou même l'être un peu partout à la fois, c'est alors que le sang s'affaiblit et circule difficilement, l'air ne pénètre plus assez dans les cavités et le jeu des poumons est paralysé; alors le sang devient acide, c'est la fièvre; plus le sang est acide, plus la fièvre est forte; quand il l'est trop, c'est la mort, parce que le sang est complètement tourné.

D'autre part, une eau peut être empoisonnée par quelque drogue, la viande peut avoir le charbon, mais je ne crois nullement aux microbes de la fièvre typhoïde ; du reste, j'explique pourquoi.

Je défie qu'un élève de n'importe quelle école ou caserne prenne la fièvre typhoïde et autres si les aliments sont suffisamment confortables, je veux dire la viande de bonne qualité, bien préparée et bien cuite ; une cuisine assez fortement assaisonnée, un vin surtout naturel, chose difficile ; tous les matins, de la soupe, mais pas de ces petites bamboches, telles que figues, radis, saucissons, toutes ces choses ne servent qu'à affaiblir le sang, et de là à la fièvre typhoïde, il n'y a qu'un pas. N'allez pas croire qu'il y a des épidémies dans les écoles, pas plus qu'ailleurs, mais dans toutes les écoles ou casernes, il y a ce qui suit : les aliments sont de très mauvaise qualité, principalement la viande et le vin, la cuisine mal faite.

Lorsqu'on est atteint, voici ce qui arrive : le sang affaibli circule avec peine, l'air ne pénètre pas assez dans les profondeurs des intestins et du sang, c'est par là que la vermine prend naissance, parce que l'air n'abonde pas assez dans les cavités.

Le sang ayant été affaibli par les aliments qui ne lui conviennent pas, les poumons, enfin le mécanisme des organes fonctionnant mal, ainsi commencent les fièvres typhoïdes. Mais il n'y a pas d'épidémie, quand même tous les élèves sont atteints de la même fièvre, car il y a à voir que tous ont été à la même table, et tous aussi prennent des chauds et froids par différents accidents, sans qu'il y ait épidémie, et pourtant tous peuvent être atteints de la même manière.

C'est comme si on attribuait à une épidémie lorsque six ou dix personnes s'empoisonnent en mangeant des champignons; on ne peut appeler cet acciden une épidémie mais bien un accident, et dans beaucoup d'autres cas, c'est la même chose.

Le microbe ne donne pas plus la fièvre que le phylloxera est la maladie de la vigne, attendu que ce n'est pas la cause.

Les causes de la fièvre, je le répète, les voici : les chauds et froids, les courants d'air, l'humidité, les fraîcheurs, les habitations trop fraîches et trop humides; mais l'air est rempli de microbes, ils se touchent tous; il y a donc à voir que, où les microbes peuvent vivre, nous aussi; où les microbes ne peuvent pas vivre, c'est également dangereux pour nous.

Je suis très certain que dans l'eau d'un puits très profond, il n'y a pas beaucoup de microbes; il peut s'en mettre en le puisant, enfin, en prenant le contact de l'air, ce qui n'empêche pas à cette eau de puits profond d'être très mauvaise ordinairement, quand même il n'y aurait pas de microbes.

Je crois cependant que la fièvre peut se communiquer en aspirant les mêmes bouffées d'air

du malade, mais les microbes n'y sont pour
rien. Pour se rendre compte que partout où les
microbes peuvent vivre l'homme aussi, on n'a
qu'à prendre de l'acide prussique ou autre acide
très violent, je ne crois pas que l'on puisse y
trouver des microbes, et ça n'empêche pas à ce
liquide d'être poison foudroyant.

La science se trompe aussi bien pour la fièvre
que pour le phylloxéra, quand elle nous dit que
ce sont les insectes qui donnent la maladie, car
ce n'est pas autre chose que la désorganisation
du sang, dont les chauds et froids et autres sont
cause. Voici d'où vient l'erreur de la science :
c'est qu'en disséquant les morts de la fièvre
typhoïde, on trouve dans de certaines parties des
intestins des quantités de très petits insectes ;
ces messieurs les spécialistes s'arrêtent à leurs
premières vues, ils ont cru trouver la vraie
cause. Ils ne se demandent pas pourquoi ces
microbes se trouvent là ; en les voyant, ils se
disent de suite : voilà la cause de la maladie. La
vérité est que le malade a dû prendre un refroidissement ou même plusieurs chauds et froids,
et la fièvre a pour cause un des accidents que j'ai
cité plus haut. Voici ce qui arrive : le sang re-
froidi s'épaissit et circule difficilement, même il
est intercepté dans des endroits, c'est la fièvre.

Le sang devient acide, la fièvre augmente ; il
devient encore plus acide et il tourne complètement, c'est la mort.

Remèdes pour les fièvres typhoïdes
et autres.

Lorsqu'on est atteint de la fièvre, il faut se purger sans excès, à l'aloès, pendant deux jours; prendre le matin, pendant ces deux jours, un bol de bouillon aux petites herbes, ensuite un morceau de côtelette, et puis l'on fait cuire une demi-livre de pruneaux que l'on mange pour adoucir les intestins. Mettre des compresses d'eau sédative autour du cou et des poignets, de petites frictions générales, lo moins tous les deux jours; en peu de temps, le sang revient à son état normal et le malade est sauvé. Les pruneaux avec un filet de vin vieux sont un très bon aliment pour ramener le sang en bon état et radoucir les intestins, tout en étant ni trop rafraîchissant ni trop échauffant, parce qu'il y a un corps gras.

Ne pas trop sucrer; s'il n'y avait pas de vin, ce serait trop rafraîchissant, et s'il y avait trop de vin, ce serait trop échauffant.

Un malade ne doit boire que très peu de vin, mais il doit manger de la viande rôtie selon son appétit, boire de l'eau rougie.

Dans les maladies, surtout les fièvres et les chauds et froids, mieux vaut prendre un peu d'échauffant, le trop de rafraîchissant est nuisible.

Une fois entré dans l'engrenage des médecins, on n'en sort plus ; il faut traiter les chauds et froids qui sont la source de presque toutes les maladies ; on donne d'abord les médicaments échauffants, ensuite on est bien forcé de rafraî-chir, puisque les médicaments donnent des inflammations d'intestins et de poitrine. Il faut donc combattre ces inflammations et remettre le sang à son état normal, qui en a été dérangé premièrement par les chauds et froids, ensuite par les traitements qu'il a fallu suivre. Plusieurs causes donnent la fièvre typhoïde ou autres.

Les parents ou amis d'un malade ou d'un mort de la fièvre typhoïde peuvent, par un grand chagrin ou une prompte révolution, se tourner le sang, ce cas est plus mauvais que tout autre ; si le chagrin est très violent et le sang trop tourné, la guérison n'est guère possible.

Que l'on prenne donc une bonne nourriture bien préparée, du vin naturel, un peu d'exercice au grand air, qu'on évite les chauds et froids, l'humidité, les courants d'air, etc., je défie les fièvres typhoïdes.

Les eaux des rivières courantes, comme celles de la Grosne prises au-dessus du Pont-de-l'Etang, il n'y en a pas de meilleures ; y aurait-il même des microbes qu'il ne faut pas s'en inquiéter.

C'est malsain d'habiter trop longtemps dans un appartement renfermé ; non seulement l'air est mauvais, mais il n'est pas assez abondant, il est trop faible ; c'est pourquoi l'homme qui serait dans cette habitation se trouvera affaibli tout naturellement.

Je parle de la fièvre typhoïde, vu que la science nous dit qu'il y a le microbe de la fièvre typhoïde, qui est un insecte, plus le phylloxera, qui est encore un insecte, maladie de la vigne, et comme je ne crois ni à l'un ni à l'autre, je donne les explications suivantes, toujours pour éclaircir l'erreur du phylloxera.

Cela dit, on pourra remarquer, si l'on veut bien, que je n'ai pas quitté mon système de phylloxera, tout en parlant de la fièvre typhoïde.

Tous les hôpitaux, écoles et casernes doivent être bâtis seuls, au moins à cinquante mètres de tout autre bâtiment ; je remarque de certaines écoles, dont une partie ne serait bonne que pour faire des caves ; je trouve que l'on ferait bien de les démolir, les remplacer par des jardins, et ne pas craindre de rebâtir dans ce grand et beau jardin aux superbes fleurs, car, dans cette école, il n'y a pour ainsi dire que le jardin de bien. Il me semble que les principales fleurs ne devraient pas être dans le jardin mais dans les études.

Une habitation d'une grande école devrait avoir un quatrième, ou au moins un troisième étage, pour qu'il n'y ait pas d'études au parterre.

Il arrive quelquefois qu'une chose en fait trouver d'autres ; il faut se baser sur une chose vraie et solide. Ainsi, je remarque que le sang est toute l'existence, de même que la séve est toute l'existence de la vigne.

Pour les chauds et froids de l'homme, il y a à voir que le sang se porte très souvent à la tête et, à l'intérieur, le corps est froid, si bien que le sang peut se déplacer et se désorganiser promptement.

Dans cette position, le peu de rafraîchissement qu'on prenne devient très dangereux; maintenant, pour réchauffer le sang et le remettre dans son état normal, que l'on prenne au début quelques tasses de bon vin chaud, même cuit, et sucrez un peu pour enlever l'acidité du vin, se tenir chaud, et dans trois jours on est sauvé; c'est toujours inutile et même dangereux de chercher des grands mystères; en soignant les subtances essentielles, on soigne tout le corps sans que l'on s'en doute.

Pour les fièvres typhoïdes, on ferait peut-être bien d'essayer un bain général tous les deux ou trois jours; c'est à voir; on prendrait de l'eau de rivière de préférence, la chauffer au moins au degré du sang, y mettre un kilo de son de bonne qualité, y tenir le malade deux ou trois minutes au plus pour ne pas l'affaiblir. Le son a pour effet de rafraîchir et d'adoucir le sang et de ramolir les intestins; le malade sortant du bain serait essuyé avec un linge propre et chaud.

L'eau pure ne produit pour ainsi dire pas

d'effet, parce qu'elle est trop sèche; du reste, on pourrait toujours essayer; si ça ne vaut rien, on ne continue pas. Des bains de sang vaudraient bien mieux.

Il n'y a rien de si mauvais que de boire froid quand on a bien chaud, soit pour l'homme, soit pour l'animal; l'homme, cela peut lui occasionner une fluxion de poitrine ou un vomissement de sang; l'animal, le charbon. C'est inutile de tant redouter les microbes.

Se défier des constipations; les constipations jouent le rôle d'une lampe mal nettoyée, où la mèche est trop grosse, dont l'effet de l'air se produit mal; évitant les constipations et les chauds et froids, vous éviterez les maux de tête et les mauvaises fièvres.

Les Furoncles (leurs causes).

J'entends des savants nous dire que les furoncles sont occasionnés par les microbes; enfin, toujours les petites bêtes partout, partout les mêmes idées. A cela, je réponds que l'on se trompe tout aussi bien que pour le phylloxera. Les furoncles sont dus à plusieurs causes: d'abord par des petits chauds et froids, des courants d'air, ou à l'humidité, et aussi au genre de constitution, un sang plus ou moins sain, et même tout en étant bien portant, bien sain, on peut avoir des furoncles par les accidents cités plus haut ; voir dans cette partie du furoncle, la chair et un peu de sang se trouvent refroidis, il en survient une grosseur dure au toucher, ensuite une inflammation qui donne le pus, et de là naissent de très petits insectes qui grossissent à mesure que le pus abonde, et même, par des grandes chaleurs, ces insectes peuvent devenir des vers assez gros pour qu'on puisse les voir aisément.

Pour faire voir que le microbe n'est pour rien dans ces choses, que l'on reçoive un coup, ce n'est donc plus un furoncle ; par ce coup, la chair est endommagée à l'endroit du coup reçu ; il en survient également une inflammation et puis du pus ; de ce pus naissent les insectes, et à mesure qu'il y a du pus, les insectes grossissent, et puis enfin, si les chaleurs sont fortes et que la plaie ne soit pas tenue en bon état, il en surviendra des vers ; c'est donc très facile de se rendre compte que c'est bien le coup que l'on a reçu qui est l'auteur de tous ces désordres ; les microbes, les insectes de toute espèce ne sont que le produit de la maladie.

Pour les furoncles, prendre deux bains sulfureux.

Les Chiens enragés.

Je prends la liberté de parler des chiens enragés.

Le chien enragé a le sang en grand désordre ;
il a le sang beaucoup trop acide et même empoisonné ; il a la salive, enfin la bave également
acide et empoisonnée, attendu que tout vient du
sang ; c'est pourquoi, quand il mord quelqu'un
ou un chien, cette même salive, cette bave s'im-
prègne dans le sang du chien sain, et, par cette
incision, en peu de temps le chien sain aura également le sang infecté, il ne mangera plus, le
sang se désorganisera de plus en plus, des
quantités de petits insectes naîtront de ce sang
infecté, parce qu'il y a à voir que l'animal est
déjà en décomposition, et si on voulait reproduire cette maladie, on n'aurait qu'à prendre
dans la gueule de ce chien enragé de la bave
que l'on introduirait instantanément sur les
chairs vives de n'importe quel animal ; qu'il y ait
des microbes, qu'il n'y en ait pas, la maladie
sera reproduite ; il n'y a donc pas lieu du tout
de s'occuper des microbes ou des insectes, mais
bien de la cause qui les produit ; enfin, pour
les chiens mordus, qu'on se serve donc d'un
vaccin qui fera fortement opposition à l'infection.
Du reste, puisque M. Pasteur l'a trouvé, que ça
soit n'importe comment, l'essentiel, c'est que
l'effet soit bon. Les morsures des chiens enragés

ne sont bien dangereuses qu'aux mains et à la figure, mais là où se trouvent des habits, les dents et la bave s'essuient dans l'étoffe. En guérissant 80 morsures sur 100, n'y aurait-il pas à craindre que l'on dise que les 80 morsures n'étaient pas enragées, mais que les 20 y étaient bien et que l'on a été impuissant à les guérir.

Département de l'Isère, à Chaiseneuve.

Dans le Dauphiné, il y a des dames qui guérissent très bien les morsures des chiens enragés, et même à une deuxième crise, elles guérissent encore.

Il paraît qu'elles obtiennent ce résultat par des herbes en infusions qu'elles font prendre aux malades, et qu'elles n'en manquent pas un, et cela sans le secours des engins chimiques.

Le Gouvernement devrait donc acheter ce secret afin de le propager, mais la science dirait que ce sont des remèdes de commère ; la science ne remarque pas qu'elle aussi est un peu vieille commère, qu'elle prend souvent des erreurs pour des vérités.

Un mot sur le Charbon du bétail

Le bétail prend le charbon par le manque de soins à l'écurie, soit les courants d'air ou le manque d'air ; au dehors, l'humidité, la pluie, les chauds et froids ; le sang s'affaiblit, se décompose, se désorganise dans des endroits par le pus, les insectes naissent dans ce pus.

La science fait encore une erreur en s'imaginant que ce sont les microbes qui donnent le charbon au bétail.

Que l'on veuille bien prendre la peine d'approfondir ces vues, que le pus et le microbe sont la même substance, l'un vaut l'autre, et si le pus est un poison, l'insecte aussi, ce sont les mêmes matières.

Mais les chauds et froids suffisent pour donner le charbon; plus, il y a des eaux très mauvaises, selon la disposition de l'animal, les eaux excessivement froides.

Explications pour mon Engin aérien.

Le moteur de mon engin aérien, ce sont les ressorts ou l'homme, ensuite les soufflets; j'en mets deux pour qu'il n'y ait pas d'intermittence et pas de cahot.

Il est bien entendu qu'il faut que les roues de mon engin aérien soient préparées pour l'air et non pour l'eau.

Je ne crois pas nécessaire de donner des explications plus étendues, car la chose n'est pas terrible.

Quel est donc le moteur des horloges, si ce ne sont les poids et pour la montre les ressorts? Ainsi, le moteur de la vie de l'homme, ce sont les poumons; sans eux, comment se ferait donc le jeu de la respiration? En un mot, l'air est un corps qui sert à alimenter toutes choses.

Il me semble qu'en donnant l'idée d'un mécanisme, cela doit suffire à un mécanicien, surtout en lui expliquant un peu le genre que l'on veut. C'est comme un architecte auquel on commande un genre de bâtisse, il vous la fera.

Pour mon engin aérien ou chemin de fer, le ressort est moteur, à moins de le remplacer provisoirement par l'homme; l'air n'est qu'un aliment dont on se sert pour agir.

Dans le cas où le mécanisme se réchaufferait trop, on aurait soin de faire passer l'air dans une petite quantité d'eau chauffée ou froide, ce moyen suffira pour humecter l'air.

L'air pressé par le soufflet peut traverser une lame d'eau sans s'affaiblir; de cette manière, on évitera l'échauffement du mécanisme par un air trop sec.

Il ne faut pas trouver étonnant qu'avant peu on remplacera les chevaux des voitures par des ressorts; au lieu d'élever une quantité de chevaux, on élèvera des vaches; elles rendront beaucoup plus, seulement les chevaux seront toujours indispensables à la troupe.

Maintenant, parlons un peu de ce que l'on pourrait tirer du ressort.

Le ressort doit employer la force d'un homme et même avec mécanisme, s'il le faut, pour le remonter ; un ressort de cette façon et de cette force peut devenir le moteur de bien des engins très importants ; si un seul ressort ne suffit pas, que l'on en prenne deux pour augmenter la force ; au lieu de faire tourner une aiguille, on fera tourner deux roues de voiture, même très lourdes. Modelez-vous donc sur la pendule.

Pour le ressort dont je parle, prendre tous les engrenages de la pendule, mais deux cents fois plus forts, allant aussi deux cents fois plus vite, le ressort, cinq cents fois également plus fort. Du reste, c'est à voir, et qu'il soit le moins volumineux possible. Ensuite, quand toutes ces pièces sont faites, les assembler comme pour la pendule ordinaire ; il faut seulement différer d'engrenages, afin d'aller aussi vite que l'on voudra.

Avec le ressort, si l'on voulait employer l'aspiration et la pression de l'air au moyen d'un soufflet, on obtiendrait autant de force que l'on désirerait. Le mouvement de ce ressort doit être imperceptible, tout en donnant une vitesse presque égale au chemin de fer, cela dépendra des engrenages.

Maintenant, il n'est pas défendu de simplifier. Ce ressort doit rester le moins une journée sans être remonté ; il ne faut donc pas s'imaginer qu'il faille le remonter à tout instant.

Tout ce que je dis est très facile à obtenir ; il n'y a pas de mystère à chercher ; c'est inutile de

trop se creuser la tête, comme si l'on voulait dé-
crocher la lune.

L'on fera bien de disposer ces opérations pour
un tricycle dont le ressort serait moteur au lieu
d'être les jambes d'un homme.

La réussite étant bonne, ça vaudrait plusieurs
millions, car tout ce qui existe en tricycles, en
vélos ne serait bon que pour la ferraille, vu que
l'on aurait trouvé beaucoup mieux; et ces derniers vaudraient autant que l'on voudrait, même
à l'étranger.

Surtout qu'on ne me dise pas que cela est impossible.

Il est absolument inutile que ce ressort soit
d'une grande longueur, mais seulement très fort.

Basez-vous plutôt sur des roues de moulin,
dont l'eau est motrice; du reste, il y a tant d'engins de cette espèce, ne pourrait-on pas changer
le moteur?

Que l'on prenne la peine de remarquer que
l'on peut tirer grand parti du ressort et du souf
flet pour aspirer et refouler l'air; il ne faut pas
une force bien terrible; ça sera le genre de pression qui donnera la force que l'on désirera.

Je ne crois pas utile de dire que, pour une
locomotive de la force d'un cheval, la dimension
ne doit pas être bien spacieuse, et je suppose
même qu'on pourrait presque la mettre dans sa
poche,

L'invention de gigoter sur un tricycle n'est pas

complète. J'ai dit qu'une roue de moulin était mue par une charge d'eau ; eh bien ! pourquoi donc que, pour les tricycles ou tout autre voiture, n'en serait-il pas de même ? L'homme est aussi sur son tricycle ; le poids doit aider aux ressorts.

Que l'on prenne deux tiges de fer et qu'on les ajoute en guise de compas ; qu'on l'ouvre de 10 à 20 centimètres ; que l'on introduise dans cette ouverture une autre tige de 10 à 20 centimètres ; la charge portant toute sur cette dernière fera glisser la tige jusqu'au bas dudit compas ; mais en appuyant sur d'autres ressorts pour leur donner de la force, cette tige doit glisser aussi lentement qu'un ressort de pendule. Si la charge est forte, ça peut marcher trop vite ; mais, dans cette tige, l'on mettra des écrous que l'on serrera, afin d'obtenir la vitesse que l'on voudra. C'est inutile d'avoir de trop gros ressorts ; ça dépendra de l'organisation des ressorts et des engrenages.

Remarque. Pour donner prise aux ressorts de jouer, il faut que la charge soit de 30 à 40 centimètres plus haut, afin de pouvoir baisser, dans le parcours du voyage, les 30 à 40 centimètres cités plus haut.

Les Pommes de terre.

Je dis : Dans un tel pays, il fait telle température, il a produit telle quantité de vin ou telle qualité, soit même des pommes de terre, puisque j'en parle dans mes brochures ; je crains qu'on soit assez sot pour me répondre : Oui, mais dans d'autres pays, il y a eu beaucoup de vin ou rien du tout, où encore il n'y a pas eu de pommes de terre, elles ont toutes pourri.

Dans ce cas, je prie bien de se rendre compte que la température n'a pas du tout été la même ; dix lieues de distance et souvent moins suffisent à un changement plus ou moins pluvieux ou plus ou moins sec.

Lorsque les chaleurs sont trop longues en été, les pommes de terre peuvent s'en ressentir, du moins les plantes ; quelques-unes peuvent manquer de sève et sécher sur place.

J'ai vu à la Mouille, hameau de Matour (Saône-et-Loire), le 24 septembre 1887, de grands champs de pommes de terre, dont pas une plante n'était atteinte, et aux environs de Cluny, il y en avait beaucoup ; mais Cluny est plus chaud que Matour et n'est non plus pas de même terrain.

Mais je laisse de côté la différence de terrain et je m'en prends particulièrement à la différence de température ; la Mouille est montagne et froid.

Un mot sur le Pain.

Je prends la liberté de dire un mot sur la qualité du pain.

Nous n'avons plus comme autrefois un pain
noir et approprié de toutes ses qualités nutri-
tives; aujourd'hui, on nous fait du pain bien
blanc, bien beau, mais, pour cela, il faut fati-
guer, user, détruire la qualité du blé; ensuite,
on est trop surmené; nous ne sommes plus que
des pauvres malades; nous n'avons pas même
la force de la pensée; la preuve, c'est que voilà
plus de dix ans que l'on se démène comme des
martyrs à propos du phylloxera et l'on a absolument rien fait que de tourner le dos à la vérité.

Le vin en bouteille, chauffé, prend de l'alcool.

L'Engrais.

Pour les arbres fruitiers de toutes espèces et
jeunes, lorsqu'ils ont l'air de décliner, il faut dé-
couvrir les racines et mettre du fumier de ferme
dessus et de suite vous les verrez reprendre.

Petite observation sur la Gale

Toujours au sujet du Phylloxera.

La gale ou lèpre est une sorte d'insecte qui
fouille entre la peau et la chair et naît même de
la malpropreté. Cette maladie peut se communiquer, mais elle peut aussi s'engendrer seule,
comme je le dis, par la malpropreté.

Dans un temps, beaucoup de personnes étaient
atteintes de cette maladie qu'on nommait lèpre,

Mais le premier qui en a été atteint, qui lui a donné? Eh bien! je le dis encore : la malpropreté, de différentes manières, parce qu'il y a décomposition à la superficie de la peau.

Le pus pourrait bien aussi reproduire la gale et non pas l'insecte, comme on le prétend, mais l'un vaut l'autre.

Cette maladie commence par la gale et finit par la lèpre.

Rajeunissement de l'homme.

Je ne sais trop si on ne pourrait pas rajeunir l'homme en prenant du sang sur un bien plus jeune en guise de vaccin; en opérant plusieurs fois de cette façon sur le même homme, peut-être on pourrait obtenir quelque résultat; ce serait à voir, du reste, tout vient du sang; si le sang continuait à être suffisamment bon, les organes ne s'useraient pas et ne vieilliraient jamais.

Pour rajeunir l'homme, il est bien possible que, trop âgé, tel que 90 ans, ce serait peut-être difficile; mais à l'âge de 50, 60, jusqu'à 70 ans, on doit obtenir quelque chose; on ferait toujours bien d'essayer. Ce système doit être bon pour les maladies de poitrine, telles que phtysie et autres.

Il en est de même pour la vigne, si la sève est bonne, qu'elle ne soit pas désorganisée par des intempéries, on n'aura rien à redouter pour aucune maladie ; ce serait bien à désirer que l'on veuille étudier sérieusement mes systèmes.

Je fais aussi remarquer que dans les meilleurs de certains fromages de la Suisse les microbes se touchent tous.

A propos de l'équilibre des choses.

Dans tout il y a un équilibre, tel que si l'homme mange ou aspire des odeurs ne s'harmonisant pas à ses habitudes, son équilibre vital succombe, et si la différence est trop grande, elle le foudroie.

Il est même à remarquer que beaucoup de matières, à un certain degré de décomposition, deviennent poison. Dans les pays chauds, il y a souvent des épidémies provenant de matières décomposées, d'où l'air en est imprégné.

Après de grandes batailles très meurtrières, où les champs sont jonchés de cadavres, quand arrive la décomposition, l'air est saturé de ces exhalaisons provenant de tous ces corps décomposés, surtout si la chaleur est forte, et en aspirant on peut s'empoisonner infailliblement, vu que l'air ne s'accorde plus avec l'équilibre vital de l'homme ; c'est donc une épidémie.

Maladies provenant d'empoisonnements.

Certaines maladies viennent de bien des sortes d'empoisonnements. Il se peut qu'une mouche ou différents insectes puissent empoisonner l'homme ou l'animal, et voici comment : ces insectes se sont empoisonnés le dard dans le pus de quelque cadavre ou matière en décomposition, puis viennent ensuite piquer l'homme ou l'animal, ce qui fait une espèce de vaccin qui empoisonne le sang de l'animal.

Un cadavre, en se décomposant, sans être charbonneux, peut devenir un poison très violent, à s'en rendre compte par les aspirations d'air chargé d'exhalaisons résultant de la putréfaction de grandes quantités de corps morts ; en cela, croyez bien que les microbes n'y sont pour rien.

Les feuilles ne respirent pas.

Comme j'ai dit que les feuilles ne respirent pas, la science va dire qu'en coupant toutes les feuilles l'arbre ou la plante périra. Oui, mais après plusieurs opérations, l'arbre ou la plante peut très bien succomber, par le seul effet qu'elle perd trop de sève, ce qui occasionne vite un épuisement. D'un autre côté, l'on ne peut pas supprimer le naturel, pas plus aux plantes qu'aux hommes.

Si l'homme ou la plante sont très vigoureux, ils ne succomberont que plus vite.

Maintenant, pour bien se le pénétrer, que l'on coupe la plante et l'on verra si les feuilles res-

teront vertes; les plantes ne vivent que par la
végétation que le soleil donne à l'air et à la terre;
l'air peut bien pénétrer dans la plante, mais
tout ce qui n'a pas un mouvement naturel et vo-
lontaire n'aspire pas; par conséquent, il n'y a
pas de respiration possible. Du reste, chaque fois
que l'homme ne peut rien à la chose, toutes ses
explications sont de mince importance.

Il n'existe absolument rien de parfait.

Au sujet de mes systèmes, un grand savant
m'a répondu qu'il n'y avait que Dieu qui pouvait
faire les choses dont je parle dans mes brochures. Eh bien! ce savant a dit vrai. Je ne sais
s'il a bien compris toute la portée de sa réponse,
mais je continue de dire que précisément
l'homme fait partie de Dieu; le plus il a d'instruction et d'intelligence, le plus sa part est
forte; car enfin tout ce qui respire, tout ce qui a
du mouvement, tout ce qui existe fait partie de
ce grand domaine infini; je dirai même que le
soleil est la tête, puisqu'il est le principal moteur; par conséquent, de qui veut-on que l'homme
tienne ses idées, si elles ne viennent pas de
Dieu, de ce grand esprit dont nous ne pouvons
concevoir toute l'étendue?

Il est bien certain que tous les agissements
de l'homme, bonnes ou mauvaises inspirations,
viennent de cette divinité que l'on appelle Dieu.

C'est pourquoi je dis que ce grand savant a eu raison aussi ; par conséquent, mes traités de phylloxera et autres doivent être bons. Je ne vois rien de parfait ; s'il y avait quelque chose de parfait, l'homme pourrait l'être aussi.

Révision de la science. — Et pourquoi pas ?

Le plus grand savant de la terre ne possède qu'un savoir insignifiant ; ne craignons donc pas de nous mettre au-dessus de la science, si nous voulons arriver à quelque chose de valable.

Recherchez plutôt la vérité que les beaux mots.

La science fait un grand mystère du phylloxera ; c'est vrai que de la manière dont elle s'y prend, jamais elle n'aura de résultat ; elle pourrait même en avoir de très mauvais par le poison qu'elle emploie. Eh bien ! que la science s'abaisse jusqu'à accepter mes systèmes, et on verra que ce grand mystère se réduit à des choses bien simples et bien praticables ; mais, je le répète encore, la science a besoin de s'abaisser.

La science emploie les matières arsenicales à tort et à travers, en véritable insouciante, sans s'inquiéter de la santé ; la science est tellement abrutie dans ses travaux, elle suit une théorie sans en déroger jamais ; c'est pourquoi ceux qui en font partie ont tous à peu près les mêmes idées, comme les soldats au port d'armes ont tous le petit doigt sur la couture du pantalon ;

aussi le [progrès vient rarement d'eux; si la science n'admettait pas la réplique, même des ignorants, elle pourrait s'adresser aux arbres ou aux pierres, ceux-là ne répondraient rien; mais la science pourrait rester éternellement emprisonnée toujours dans ses mêmes idées.

Il n'y a pas à hésiter à propager mes idées, car tous ceux qui les lisent les acceptent, à part peut-être quelques hommes de science, parce qu'ils sont froissés de la manière dont je m'explique dans mes brochures.

Ma brochure a toute l'ampleur voulue; elle n'a pas de bornes, et on peut aussi la rétrécir autant que l'on veut, ça dépend du lecteur.

Des savants me disaient que, pour enlever les nuages, enfin l'eau qui est en suspension dans les airs, il faudrait des pompes sur les montagnes; à cela, je ne cesse de répondre qu'on électrise l'air par mon système, afin de donner à l'air la vivacité qui lui manque, et l'on ne verra pas un nuage; on les rejettera au loin ou sur les mers où l'air est plus calme, et serait-il même plus fort qu'il manquera d'électricité, il n'aura pas la vivacité voulue; il y a à voir que, comme il y a plus d'étendue d'eau que de terre, ce n'est donc pas bien difficile d'opérer selon mon système et conduire la température de chaque saison à peu près comme l'on voudra; en cela, il n'y a rien d'étonnant.

La science fait beaucoup trop de chimie, beaucoup trop de manipulations donnant des résultats souvent mal compris.

Je voudrais bien aussi que l'on sulfate la science, parce qu'elle aussi a continuellement le phylloxera.

La science ne fait que se copier ; la première copie laisse à désirer ; la suite se continue assez fidèlement, ne croyant pouvoir mieux faire.

La science nous dit que les feuilles respirent ; eh bien ! non, les feuilles ne respirent pas ; les plantes ne vivent que par la sève ; aussitôt la sève usée, les feuilles tombent. Exemple : une plante coupée.

Ah ! que d'esprit la science dépense inutilement ; tout ce qui n'a pas un mouvement naturel ne respire pas ; les expériences que la science a pu faire n'ont pas été entièrement comprises.

Je ne vois pas que l'on puisse tirer bien grand chose d'un homme qui a fait de grandes études, parce qu'il n'a plus l'esprit libre, il est trop obsédé par ses théories.

Je dis aux grands savants de sortir de leurs vues habituelles, parce que j'en rencontre quelques-uns qui me font les mêmes réponses que le premier des ignorants ; c'est pourquoi je dis encore : Où donc sont les savants ?

Les savants de cette dernière pluie n'ont guère de valeur, ils ont tout emprunté des vieux temps ; s'il y a des erreurs, il les continuent tout naïvement ; quelquefois même ils en ajoutent d'autres, à remarquer l'acharnement à ne voir partout que microbes.

Puisqu'une partie de la science française me répond que c'est la chaleur qui donne le phylloxera, alors pourquoi n'est-il pas toujours en Espagne ou en Italie, enfin dans tous les pays chauds, même au Sénégal ? Et cependant il n'en est rien.

L'homme est peut-être plus important qu'il ne pense, mais il est tellement élevé à la bêtise qu'il sort difficilement de ses anciennes habitudes.

Eh bien ! qu'il fasse un effort pour se pénétrer de ces nouvelles idées, il se rendra compte qu'en suivant mes systèmes, rien ne sera compromis.

Mais il est bien certain que l'on peut bien empoisonner le sang de n'importe quel animal sans que pour cela il y ait des microbes.

Ce qui rend mes systèmes un peu difficile s c'est l'ignorance et l'incrédulité.

Cependant, un des savants professeurs de l'école de Cluny, M. Roubaudy, dit que mon système de phylloxera est bien soutenable ; et M. Roubaudy est doué de beaucoup d'esprit, ce n'est donc pas le premier venu dans les savants ; il a été agrégé à 21 ans.

Observation.

A chaque fois qu'il y a, dans un endroit ou une cité, une trop grande augmentation de peuples séjournant plusieurs mois, il y a épidémie ; le sol est infecté par les urines, les lieux d'aisance ; il se produit une exhalaison empoisonnée dont tous les habitants sont atteints.

Pour y remédier, vous arrosez fortement le sol avec du vin de bonne qualité ou du vinaigre, ou d'autres liquides moins coûteux, dont l'exhalaison détruira la première qui est un poison, et dans trois jours tous les habitants seront sauvés par la nouvelle exhalaison de vapeurs, mais il faut arroser à plusieurs reprises, et surtout ne cherchons pas de mystères.

En hiver, toujours avoir autour du cou un foulard ou quelque chose de chaud ; nous ne sommes plus assez forts pour résister aux intempéries.

Voyez encore l'année 1889, tout le temps des grandes manœuvres il n'est pas tombé une goutte d'eau ; ça prouve donc bien que la commotion du canon produit sûrement un effet sur la température. Cette même année, si le printemps n'avait pas été abominablement pluvieux, il y aurait eu beaucoup de vin, car, au commencement du printemps, les vignes étaient superbes, mais deux mois de pluies consécutives l'ont fait retomber encore une fois.

Une supposition.

A cent millions de lieues, plus ou moins, au-dessus de nous, il peut y avoir un autre soleil et

une autre terre, ainsi de suite ; à cent millions
de lieues, plus ou moins, au-dessous de nous,
il peut y avoir un autre soleil et une autre terre,
ainsi de suite.

Vers à soie.

Quand les vers à soie ne réussissent pas, la
science donne pour cause encore les microbes ;
mais qu'il vienne donc une température chaude
et sèche, les feuilles de mûriers seront bonnes ;
elles auront assez d'alcool et la force voulue, et
les vers à soie marcheront très bien ; bonnes
gens, vous rêvez trop aux insectes.

Moutons.

Les moutons prennent facilement le charbon ;
leur laine, une fois mouillée, sèche difficilement,
si bien que l'humidité dont le mouton est enve-
loppé lui affaiblit le sang ; donc, le sang tourne
à la pourriture par l'humidité, ensuite se déve-
loppent des milliers d'insectes ; mais ne croyez
jamais que ce soient les microbes ni vibrions
qui en sont la cause, tel que le croit la science.

Bains.

Les meilleurs bains sont les bains de sang,
ensuite les bains de rivières courantes, telles

que la Grosne ; en été, y rester moins de cinq minutes lorsque l'eau n'est pas assez chaude ; y rester dix minutes quand l'eau est bonne, tous les deux jours ; ces bains valent mieux que les bains de mer. Il y a aussi les bains de son qui ne sont pas mauvais, toujours en été ; y rester une demi-heure également tous les deux jours ; ensuite rester deux ou trois jours sans travailler ; ça ne vaut rien non plus d'en prendre une trop grande quantité. Le trop d'eau nous appauvrit le sang et nous donne le phylloxera aussi bien que pour la vigne ; en y ajoutant des ingrédients, ça vous oxyde le sang, si bien que c'est toujours dangereux de s'éloigner du naturel.

Il n'y a rien d'aussi dangereux que la confiance et la naïveté.

Pourquoi donc les trois quarts du peuple sont-ils anémiques ou phylloxérés ? C'est que tous les aliments sont surchargés de poison qui appauvrit et désorganise le sang.

Voyez le pain : l'on y met bien plus de fèves qu'autrefois ; il paraît que le pain est plus blanc, et, pour le boulanger, il est plus lourd, mais il y a aussi une petite dose de poison plus forte.

Pour le vin, c'est encore bien pire par le sulfate de cuivre, le vin est plus coloré, l'alcool est plus fort ; on n'a pas l'air de s'inquiéter que ce vin est chargé d'une bonne dose de poison en plus.

Je ne m'occupe pas si la science est aveugle et stupide ; il faut que tout le monde s'en défie.

Ajoutez à cela un excès de débauche et un excès de sagacité d'esprit pour arriver au bien-être, si bien que tous les sangs sont corrompus par différents poisons, et, dans cinquante ans, les peuples ne tiendront plus debout.

Science ! quitte tes microbes et prends la peine d'étudier ces fragments d'idées.

___

Vaccin ou inoculation.

Sur tout animal qui n'a guère de sang, tel que poule et autre, les incisions empoisonnées ne produisent guère d'effet ; mais sur tout ce qui a beaucoup de sang, les incisions charbonneuses ou empoisonnées, les ravages sont prompts et mortels.

Maintenant, le vaccin a pour effet de changer le sang, soit plus acide ou plus faible ; il serait vicié et s'accorderait avec le poison, même le charbon, si bien que le sang est corrompu.

Il y a donc folie de tant s'occuper de microbes.

___

Désalcooliser.

L'homme qui a le sang corrompu par les boissons peut se remettre promptement en prenant tous les deux jours un bain de son légèrement chauffé : trois suffiront ; un peu de lait, nourriture pas trop échauffante pendant huit jours et chaudement habillé.

C'est bien inutile de croire que certaines maladies viennent d'Amérique; toutes les femmes,
par le trop d'excès, peuvent attraper un échauffement et plus une inflammation, ensuite l'infection; la malpropreté n'y est pas pour rien. Il
est bien certain que les pays chauds favorisent
cette sorte d'infection. Quand même l'on guérit
par le mercure, le sang reste vicié; mais s'il y
avait autant d'excès chez les animaux, surtout
de certains, la même maladie se produirait
aussi bien que dans l'espèce humaine.

Un mot sur l'Influenza.

La maladie n'est pas nouvelle, mais le nom
est nouveau; ça fait croire à une chose terrible.

En hiver, les gens riches sont dans leur cabinet, bien capitonné dans leur robe de chambre;
sortant de là, ils se mettent à leur toilette, d'abord
le cou déshabillé, bien découvert, et resteraient-
ils dans le même appartement avec cette différence d'habillement qu'ils attraperaient l'influenza; et dans les classes ouvrières, ils prennent chaud par le travail, ensuite un peu froid :
encore l'influenza. Dans toute l'Europe, il en est
de même; ça tient que les hommes ont plus
d'orgueil que de jugement; de la santé, des
choses utiles, ils ne s'en occupent pas ou presque pas; la science cherche des mystères, mais
il n'y en a pas.

L'influenza est une maladie bien commode;

on peut l'avoir quand l'on veut et l'éviter si l'on veut : c'est une affaire de précaution.

Mais, en dehors de tout cela, les peuples ne sont plus solides.

Remède de la soi-disant influenza.

Il faut garder la chambre pendant huit jours, et convenablement chauffée jour et nuit ; ne pas sortir pendant huit jours pour ne pas aspirer l'air froid : c'est ainsi que l'on ramène le sang dans son état normal qui a été dérangé par les chauds et froids.

———

Un chien ne pourrait-il pas devenir enragé sans être mordu ? Il y a à voir qu'un chien est un animal intelligent, si bien qu'il est obsédé, comme qui dirait ses idées de reproduction n'étant pas satisfaites, le sang de l'animal s'oxyde jusqu'à l'hydrophobie. Il s'ensuit que trop d'opposition aux choses naturelles, il y a déséquilibration et destruction quelquefois.

La Pluie.

La pluie nous vient par l'exhalaison qui se produit de bas en haut, lorsque l'air est trop faible ; c'est pourquoi je le fouette pour l'agiter, pour le dissimuler, et une fois que l'air a assez de force, qu'il est, pour ainsi dire, électrisé, l'exhalaison ne se fait plus ou alors beaucoup moins, et le beau temps est maintenu par l'air qui a repris un certain degré de force qu'on lui

a donné, et si on lui en donnait trop, l'équilibre
de l'air serait rompu par le trop et l'exhalaison
recommencerait trop aisément, et la pluie re-
viendrait de suite ; ainsi, il n'y a donc pas à rire
en disant que la température est gouvernable ;
il s'agit de bien comprendre.

Puisque je veux influencer l'air par la commotion, c'est donc inutile de rechercher les
hautes montagnes, attendu qu'à une certaine
hauteur il n'y a plus guère d'air, et à une grande
hauteur il n'y en a plus ; la plus grande quantité d'air se trouve donc à une courte distance
de terre.

Équilibre et déséquilibre de l'air.

Ainsi, l'excès de chaleur déséquilibre l'air
de suite : c'est la pluie. L'excès de froid déséquilibre l'air ; la pluie encore ; de même que
l'excès de pluie équilibre l'air au beau temps.
Ces phénomènes se produisent par le trop de
force et le pas assez ; c'est pourquoi j'électrise
l'air pour lui donner de la force, et quand il l'est
grandement assez, je l'électrise encore pour le
faire tomber, afin d'obtenir une exhalaison de
bas en haut pour avoir de la pluie.

Par une assez forte commotion, j'entends
hausser et baisser la température à volonté.

La Femme.

J'ai remarqué que la femme est ordinairement
plus intelligente que l'homme ; elle a d'abord

plus de dignité; elle a plus de droit au respect
que l'homme.

N'oublions pas que l'oïdium des raisins vient
de la sève trop refroidie par une température
trop froide: donc tout vient de la sève.

Rougeole.

A ne voir que la rougole des enfants, la
science nous dit que ce sont des effets de microbes; eh bien! encore et toujours non.

La rougeole est complétement l'effet d'un
chaud et froid et même de plusieurs, et en réchauffant bien le malade, vous amenez une
irruption de sang à la peau et le malade est
sauvé; ça ne vaut donc pas la peine de faire de
grandes études, car, tout naturellement, le bon
sens parle; les microbes craignent plutôt le
froid que la chaleur; c'est donc impossible qu'il
existe d'autre base solide que celle-là.

Le sang encore et toujours le sang, dont les
chauds et froids et l'humidité paralysent et donnent presque toutes les maladies; je ne parle
pas des maladies originaires ou des effets de
traitements au mercure ou autre; mais, dans
toutes les maladies, les microbes n'y sont pour
rien; et s'il en était autrement, aucun être ne
pourrait exister, parce que tous les jours nous
serions atteints par des milliers de microbes de
toutes espèces, et notre position ne serait pas

tenable ; pour ne pas comprendre cela, il faut être complétement idiot.

Quoique l'on dise maintement qu'il n'y a plus de miracles, j'ai la hardiesse d'en signaler un que tout le monde a vu aussi bien que moi, dont chacun a jugé selon ses vues ; voici les miennes :

En 1872, au mois de novembre, je me promenais un soir, comme ça m'arrive souvent. A huit heures, le temps était très clair ; j'étais à Cluny (Saône-et-Loire). En me tournant du côté de Paris ou Versailles, je vois à ma droite tomber des quantités d'étoiles blanches, tomber droites, mais avec lenteur et par intervalles ; elles tombaient comme si ça leur avait fait de la peine de tomber, tant elles avaient l'air attristé ; et à ma gauche également, des quantités d'étoiles rouges et grosses tomber également droites, mais en guise de fusées, avec une rapidité terrible, et, à une certaine distance de terre, remonter à une certaine hauteur, faire explosion avec différentes couleurs, un véritable signe de réjouissance.

Eh bien ! un mois après les élections générales ont eu lieu pour renommer les députés, si bien que presque tous les députés royalistes ont succombé, et les députés républicains ont monté au pouvoir. Il y a à voir que tous les événements importants nous sont signalés dans le ciel. Voyez comme l'on s'y est pris pour nous faire voir que le gouvernement de la France passe en d'autres mains; mais il est bien certain que les peuples et même les savants n'y ont rien compris. Le savant nous dira que ça n'a rien d'étonnant. Le savant soutient sa routine; il n'entend pas finesse dans les grandes choses; les petites lui suffisent, et encore il se trompe.

Moi qui ne crois à rien, j'en ai été frappé.

Cluny, le 14 septembre 1891.

Ces jours derniers, je vois une jeune femme faire un parcours de huit heures en voiture decouverte. Ayant reçu la pluie tout le temps, le soir, elle se couche. Dans la nuit, elle prend la fièvre typhoïde, et malgré tous les soins des médecins, elle est morte huit jours après.

Eh bien! si cette femme, après s'être bien mouillée toute la journée, s'était frictionnée par tout le corps, soit avec de l'eau sédative, soit avec du vin chaud de bonne qualité non sulfaté, le sang se serait tenu, et elle ne se serait aperçu de rien; mais une fois le sang en grand désordre par le refroidissement, la science n'a pas de prise; c'est donc bien visible que c'est le refroidissement du sang qui a été cause de cette mort et non les microbes.

Mais cette femme aurait marché à pied au lieu d'aller en voiture, ça ne lui serait pas arrivé.

A. GOYAT.

TABLE DES MATIÈRES.

9 782019 925048